# 极简图解
# 全固态电池基本原理

[日] 斋藤胜裕　著

贾哲朴　译

机械工业出版社

本书全面介绍了全固态电池的基础理论、结构特点、发展现状以及未来的应用前景。作者首先指出全球变暖问题的紧迫性，并强调了实现2050年碳中和目标的重要性。在这一背景下，电动汽车作为减少温室气体排放的重要途径，其核心部件——电池的性能至关重要。目前，锂离子二次电池虽然性能优异，但存在安全隐患。因此，全固态电池以其高安全性、高能量密度等优势成为研究的热点。

书中详细阐述了全固态电池的工作原理，包括其使用固体电解质替代传统锂离子电池中的液体电解质，从而显著提高了电池的热稳定性和安全性。同时，作者探讨了全固态电池的多种类型，如氧化物和硫化物型，并分析了它们各自的优缺点。此外，书中还讨论了固体电解质的开发、电极材料的改进以及新型电池材料的研究进展。

在理解并掌握各类电池工作原理的基础上，作者进一步展望了全固态电池在电动汽车、智能电网以及航天领域的应用潜力，并指出了实现这些应用所面临的技术挑战和成本问题。最后，书中强调了全固态电池在未来能源储存和转换中的关键作用，以及对实现可持续发展和环境保护目标的贡献。

通过这本书，读者可以全面了解全固态电池的相关知识，认识到这一技术在未来能源领域的重要地位，以及它在推动社会向更清洁、更安全能源系统转型中的关键作用。本书适合初学者轻松入门，也适合电动汽车及新能源行业的技术人员，以及想要扩展知识面，提高解决问题能力的学习者。

Original Japanese title：ZUKAI NYUMON YOKUWAKARU SAISHIN ZENKOTAIDENCHI NO KIHON TO SHIKUMI

Copyright © 2021 Katsuhiro Saito

Original Japanese edition published by SHUWA SYSTEM CO., LTD.

Simplified Chinese translation rights arranged with SHUWA SYSTEM CO., LTD.

through The English Agency（Japan）Ltd. and Shanghai To-Asia Culture Co., Ltd.

北京市版权局著作权合同登记　图字：01-2023-5141号。

**图书在版编目（CIP）数据**

极简图解全固态电池基本原理／（日）斋藤胜裕著；
贾哲朴译. -- 北京：机械工业出版社，2024. 8.
ISBN 978-7-111-76305-5

Ⅰ. TM911. 3-64

中国国家版本馆 CIP 数据核字第 20240RG190 号

机械工业出版社（北京市百万庄大街22号　邮政编码100037）
策划编辑：翟天睿　　　　　责任编辑：翟天睿
责任校对：李　杉　李　婷　封面设计：马精明
责任印制：郜　敏
北京富资园科技发展有限公司印刷
2024 年 9 月第 1 版第 1 次印刷
170mm×230mm · 11 印张 · 142 千字
标准书号：ISBN 978-7-111-76305-5
定价：79.00 元

电话服务　　　　　　　　　网络服务
客服电话：010-88361066　机　工　官　网：www.cmpbook.com
　　　　　010-88379833　机　工　官　博：weibo.com/cmp1952
　　　　　010-68326294　金　书　网：www.golden-book.com
**封底无防伪标均为盗版**　机工教育服务网：www.cmpedu.com

# 译 者 序

在面对全球气候变化和能源转型的当下，全固态电池技术以其革命性的潜力，成为推动低碳经济的关键力量。《极简图解全固态电池基本原理》一书由斋藤胜裕教授精心整理撰写，旨在为读者提供一个全面而深入的视角，以理解这一前沿科技的核心原理和应用前景。

书中不仅详尽地介绍了全固态电池相对于传统锂离子电池在安全性、能量密度和环境适应性方面的优势，还深入探讨了其发展历史、工作原理、材料选择以及面临的技术挑战。作者通过丰富的案例分析和图表说明，使得复杂的技术概念变得简单易懂，即便是普通读者也能轻松地理解和掌握这个领域的知识。

特别值得一提的是，本书对全固态电池在电动汽车行业的影响进行了深入分析，包括全固态电池如何助力实现更长的续航里程和更快的充电速度等等，这对于推动电动汽车的普及具有重要意义。同时，书中还展望了全固态电池在未来智能电网、航天探索等领域的应用潜力，为读者描绘了一个清洁、高效能源存储技术的未来蓝图。

总之，无论你是电池技术的研究者、新能源汽车的开发者，还是对可持续能源解决方案感兴趣的普通读者，相信阅读了本书都会对您有所裨益。它不仅提供了全固态电池技术的全面解读，更将会激发我们对未来清洁能源世界的无限遐想。

# 原 书 前 言

　　全球变暖已成为迫在眉睫的问题。对此，多国政府相继宣布要在不久的将来实现碳中和，以减少二氧化碳等温室气体的排放。因此，摆脱化学燃料成了迫切的课题。

　　燃油汽车行驶过程中，燃烧石油从而产生二氧化碳。"如果汽车不使用汽油该怎么行驶呢？"这个问题如今已经有了答案，那就是电动汽车。电动汽车有两种类型，一种是使用氢燃料电池的电能，另一种是使用可充电的蓄电池。

　　后者需要高性能的蓄电池。目前性能最好的蓄电池是锂离子二次电池，但这种电池存在发生火灾的危险性。为此，研究者们考虑到将现行的由有机溶液构成的电解质替换为不易成为火灾起因的固体电解质。因此，必须开发出使用固体电解质的锂离子二次电池，也就是全固态电池。

　　本书对全固态电池的原理、结构、应用、优缺点、安全性等进行了通俗易懂的全面介绍。以期读者在阅读本书后能够对全固态电池有更进一步的了解。

斋藤胜裕

# 目　　录

极简图解全固态电池基本原理

# 第 **1** 章

# 锂电池的发展情况

现代社会离不开电池，电池的种类很多，其中性能最好的电池是锂离子二次电池。本章将介绍电池的基本原理及锂离子二次电池的优缺点。

# 锂离子二次电池

锂离子二次电池为现代先进的电子设备、智能手机和笔记本计算机提供电源。最先进的波音 787 客机使用的电池也是锂离子二次电池。或许也可以反过来说，正是锂离子二次电池的出现才使得这些先进电子设备的出现成为可能。由此可见，锂离子二次电池是一种强大而有用的电池。然而，锂离子二次电池也存在着一些问题。

## ▶▶ 1-1-1　何为电池

首先要对读者说明的是，如果您是"第一次阅读电池相关的书"，或者觉得"对电池相关的知识不太了解"，建议先阅读本书的第 6 章和第 7 章（见图 1-1）。这两章将以通俗易懂的方式介绍电池的基础知识，相信一定会对您的阅读有所帮助。此外，在阅读本书的过程中，如果遇到难以理解的地方，也可以随时参考这两章。

现代生活中，无论是手电筒还是石英手表，或者是最先进的电子设备，都是靠电池运转的，我们已经无法想象如何在一个没有电池的社会中生活。比如，如果移动电话没有电池，而要通过电线连接插座才能使用，那就不能称为"移动"。

那么何为电池呢？电池是一种可以供电的装置。电池中具备产生电能的装置及产生电能所需的能源，所以在设备中安装电池就可以直接为其提供电能。

## ▶▶ 1-1-2　化学电池

说到电池，人们通常会想到干电池、纽扣电池等，这些电池用 1-1-1 节介绍的电池概念去定义就已足够，而一些现代电池却超出了这个定义的范畴。

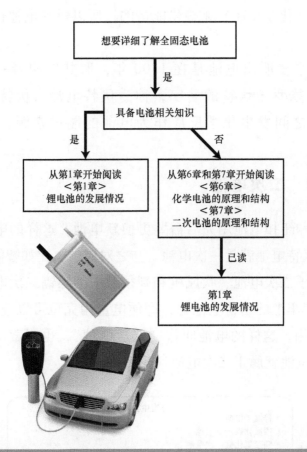

图 1-1　本书的阅读方法

想要详细了解全固态电池

是

具备电池相关知识

是　　　　　否

从第1章开始阅读
＜第1章＞
锂电池的发展情况

从第6章和第7章开始阅读
＜第6章＞
化学电池的原理和结构
＜第7章＞
二次电池的原理和结构

已读

第1章
锂电池的发展情况

太阳能电池就是其一。太阳能电池是一种将太阳能转化为电能的装置，没有阳光，太阳能电池就无法发电。太阳能电池是可以产生电能的"装置部分"，而作为电能原料的太阳能必须从外部获取。

现在备受关注的以氢燃料电池为首的燃料电池也是一样，如果不补充氢气、甲烷等燃料，电池就无法产生电能。

相比之下，手电筒所用的干电池和纽扣电池中都有化学物质作为能量来源，通过这些化学物质发生化学反应产生"化学反应能"，再转化为电能，这样的电池称为"化学电池"。目前主流的锂离子二次电池和本书即将讨论的全固态电池都属于化学电池。燃料电池是通过燃料的燃烧（化学反应）来提供能量的，所以燃料电池也是化学电池的一种。

人类最早发明出电池是在 1800 年，取其发明者——意大利科学家亚历山德罗·伏特的名字，称为伏特电池。伏特电池中的硫酸、锌、铜之间发生化学反应作为电池的能量来源，是典型的化学电池。

## ▶▶ 1-1-3　二次电池

干电池和纽扣电池用完后需要更换新电池，这样的电池叫作"一次电池"，伏特电池就是一次电池。与之对应的，比如智能手机和计算机中的锂离子二次电池、吹风机和剃须刀中的镍镉二次电池（镍镉电池），或者汽车上的铅蓄电池等，即便电量用完也可以连接插座充电，重复多次使用，这样的电池叫作"二次电池"，也叫蓄电池。本书涉及的全固态电池就属于二次电池（见图 1-2）。

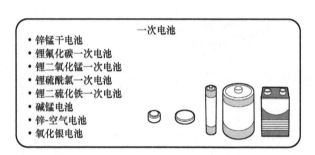

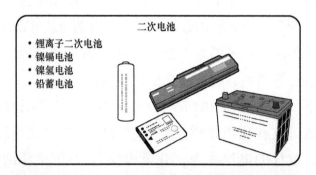

图 1-2　一次电池与二次电池的种类

极简图解全固态电池基本原理

二次电池出现在一次电池发明约半个世纪后的 1859 年，由法国科学家加斯顿·普兰特发明。

## ▶▶ 1-1-4　锂

化学电池是一种能将反应能转化为电能的装置，在化学电池中产生反应能的原料主要是金属。干电池使用锌（Zn）和锰（Mn）两种金属，纽扣电池中的氧化银电池使用银（Ag）和锌两种金属，铅蓄电池使用铅（Pb）金属。

锂离子二次电池和全固态电池中使用一种叫作锂（Li）的金属。这并不是一个常见的金属名字，那么锂究竟是一种什么样的金属呢？

锂的原子序数（原子序数用符号 $Z$ 表示）为 3，仅次于氢（H，$Z=1$）和氦（He，$Z=2$），是所有元素中第三小的原子，也是金属元素中最小的原子。锂的密度为 $0.53g/cm^3$，在金属中是最小的也是最轻的，所以可以浮在水面上，但如果将其投入水中会引起大爆炸，非常危险。这是因为锂在与水发生反应时会剧烈发热，同时产生爆炸性气体氢气（$H_2$），氢气在反应生成的热量下起火爆炸。

$$2Li+H_2O \longrightarrow Li_2O+H_2$$

锂的熔点为 180.5℃，对于金属来说是相当低的；沸点为 1347℃。在室温下锂是具有白色金属光泽的固体，与空气中的氮气反应后形成暗红色的氮化锂（$Li_3N$），随之固体金属表面变为黑色。因此，为避免其暴露在空气的湿气中发生反应，通常将锂保存在瓶装石油中（见图 1-3）。

锂的莫氏硬度为 0.6，与石墨（0.5～1）相当。锂的硬度相当于固体奶酪的程度，在使用时可先用刀切下小块金属，将表面黑色的部分削去后再使用。用于反应时，将块状金属锂与少量液态石蜡一起放入铁制乳钵，用铁制乳棒捣碎，制成箔状碎片，再用适量的有机溶剂冲洗掉石蜡后使用。使用液态石蜡是为了防止在捣碎过程中锂与空气或湿气接触发生反应。

用于锂离子二次电池和全固态电池中的锂块。锂作为稀有金属之一，其生产国非常少。日本虽不生产锂，但由于海水中含有大量的锂，所以目前正在开发分离锂的技术
（图片来源：维基百科）

a)

锂与水发生反应时会剧烈发热、爆炸，与油却不反应。此外，由于锂的密度为 $0.53g/cm^3$，在所有金属中最小（轻），所以放入油中会浮起来
（图片来源：维基百科）

b)

图 1-3　锂的形态与特性

## ▶▶ 1-1-5　稀有金属

将来尚未可知，但目前电池是以锂为中心发展的。然而，锂是稀有金属，也就是说锂的问题在于产量非常少。稀有金属是满足以下三个条件中任意一个的金属：①在地壳中的存在量少；②产地集中在特定地区；③分离冶炼困难。

锂符合上述条件。

全世界近 80% 的产量在智利、澳大利亚、中国和阿根廷，如图 1-4 所示。作为资源贫乏国家的日本，只能从这些国家购买锂。

截至 2022 年，世界探明锂储量约为 8900 万 t，年产量在 10 万 t 以上。今后，随着电动汽车的普及，电动汽车的电池使用的锂的量将是

| 锂的产量 | （单位：t） |
| --- | --- |
| 澳大利亚 | 55416 |
| 智利 | 26000 |
| 中国 | 14000 |
| 阿根廷 | 5967 |
| 巴西 | 1500 |
| 津巴布韦 | 1200 |
| 葡萄牙 | 900 |

| 锂的储量 | （单位：t） |
| --- | --- |
| 澳大利亚 | 64700000 |
| 智利 | 9200000 |
| 阿根廷 | 1900000 |
| 中国 | 1500000 |
| 津巴布韦 | 220000 |
| 巴西 | 95000 |
| 葡萄牙 | 60000 |

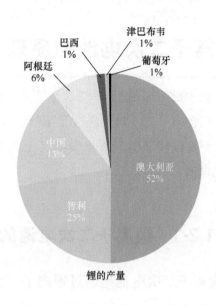

锂的产量

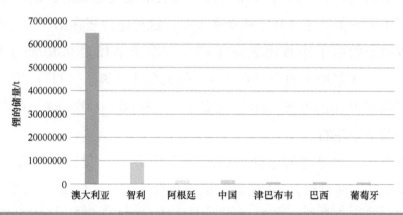

图 1-4　锂的产量和储量

计算机的数十倍，锂矿可采年数有可能变短。一个解决方法是开采海水中的锂，海水中的锂储量有 2300 亿 t，如果使用从海水中回收特定金属的技术，例如月桂醚等超分子，虽然原理上可行，但问题是成本过高。随着陆地上的锂越来越少，氢燃料电池使用的铂（Pt）也越来越少，锂的价格会随之高涨，之后可能开始从海水中分离锂。到那个时候，被海包围的日本有可能会成为锂资源大国。

# 锂离子二次电池的原理

直到 1991 年，锂离子二次电池才实现商品化，还是很"年轻"的电池。在此之后锂离子二次电池经过了不断的改良，2019 年，对其开发改良做出贡献的吉野彰荣获了诺贝尔化学奖（见图 1-5a）。那么，锂离子二次电池是什么样的电池呢？

## ▶▶ 1-2-1 锂离子二次电池的构造

锂离子二次电池是通过锂离子（$Li^+$）在负极和正极之间移动来发电和充电的电池。1977 年开发的镍氢二次电池也是如此，由电池中最小的原子——氢原子（H）移动来发电，这种电池将在第 7 章介绍。

锂原子的原子序数比氢原子的大，原子半径为 0.15nm（$1nm = 10^{-9}m$），大于氢原子的半径 0.1nm。但其变成锂离子（$Li^+$）后，由于失去了原子外侧的电子，半径也变小了（$0.06 \sim 0.09nm$），只有氢原子半径的一半左右。

锂离子二次电池的电池构造如图 1-5b 所示。负极是储存锂的碳（C）（碳基储能材料），正极是无机化合物钴酸锂（$LiCoO_2$）结晶。碳基储能材料本身是碳，简而言之，它是储存锂的容器。从原子层面来看，它是一种多孔物质，锂就储存在这些孔里。大多数情况下，使用能储存大量锂的石墨等作为负极。石墨的结构是由 6 个碳原子组成的 6 元环结构排列而成，像连续的蜂巢状，一般写成 $C_6$。

另一方面，正极的钴酸锂是一种无机化合物，它的晶体可以发生变化，使其在保持晶体结构的情况下脱出或嵌入锂。所以，这也是一个锂的容器。

电解液通常使用有机溶剂，在接下来的章节中将会详细介绍。

凭借锂离子二次电池基本概念的确立，吉野彰（右）获得了2019年诺贝尔化学奖，他在技术研究工会锂离子电池材料评估研究中心担任理事长，致力于全固态电池的开发。照片中左边是项目负责人石黑恭生，中间是研究员鳄渕瑞绘。图b为锂离子电池（左）和处于开发阶段的全固态电池（右）
（图片来源：共同通讯社）

a)

b)

图 1-5　锂离子电池的改良

## ▶▶ 1-2-2　锂离子二次电池的充放电机理

　　锂离子二次电池的化学反应很简单，问题在于 $LiCoO_2$ 晶体中有多少锂原子会脱嵌。许多书籍在介绍时，普遍将其写作有 $x$ 个锂原子脱嵌，这样初学者可能很难理解。在本书中，我们把它简单看作是所有的锂都脱嵌了。也就是说，锂嵌入的状态为 $LiCoO_2$，锂脱嵌的状态就是 $CoO_2$。

　　这样一来，反应式就很容易理解了，即

负极：$C_6Li \rightleftharpoons C_6 + Li^+ + e^-$

正极：$CoO_2 + Li^+ + e^- \rightleftharpoons LiCoO_2$

在放电反应中，金属锂 Li 从负极 $C_6$ 中电离并脱出，形成锂离子 $Li^+$ 和电子 $e^-$。电子 $e^-$ 通过外部电路向正极移动，这样就产生了电流。另一方面，离子 $Li^+$ 在电解液中移动到正极，与分开移动的 $e^-$ 合成为中性金属锂，并嵌入钴酸锂晶体中，如图 1-6 所示，锂离子的反应式如图 1-7 所示。

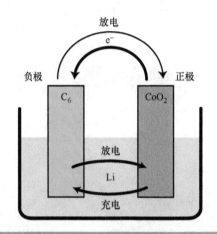

图 1-6 锂离子二次电池结构

负极：$C_6Li \rightleftharpoons C_6 + Li + e^-$

正极：$CoO_2 + Li + e^- \rightleftharpoons LiCoO_2$

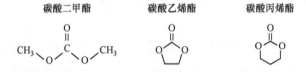

图 1-7 锂离子二次电池的反应式

# 锂离子二次电池的优缺点

锂离子二次电池应用广泛，面世至今仅有 30 年左右，但对于现代社会来说已经是不可或缺的电池。究其原因，是由于锂离子二次电池的诸多优点。

## ▶▶ 1-3-1 锂离子二次电池的优点

### 1. 能量密度高

锂离子二次电池可以说是目前实用化的二次电池中能量密度最高的电池。质量能量密度（$100 \sim 243 W \cdot h/kg$）是镍氢电池（$60 \sim 120 W \cdot h/kg$）的 2 倍，是铅蓄电池（$30 \sim 40 W \cdot h/kg$）的 5 倍。这只是目前达到的数值，随着研究的推进，锂离子二次电池的质量能量密度还有望进一步提高（通过减轻电池质量）。

锂离子二次电池的体积能量密度（$250 \sim 676 W \cdot h/L$）是镍氢电池（$140 \sim 300 W \cdot h/L$）的 1.5 倍，是铅蓄电池（$60 \sim 75 W \cdot h/L$）的 $4 \sim 5$ 倍，这方面也可以进一步改善。

### 2. 电动势高

以前二次电池电解质的溶剂是水（水溶液），所以在 1.5V 以上的电压下，水就会电解成氢气和氧气，而锂离子二次电池使用有机溶剂作为电解液，可以得到高于电解水电压的电动势。

锂离子二次电池的额定电压（$3.6 \sim 3.7V$）是镍氢电池（1.2V）的 3 倍，是铅蓄电池（2.1V）的 1.5 倍，是干电池（1.5V）的 2.5 倍。因此，在需要较高的电压时，可以减少使用串联电池的数量，从而减小电池的整体质量和体积。

### 3. 无记忆效应

对于镍镉电池和镍氢电池，如果在电池电量还有剩余的状态下充电，那么电池会产生记忆效应，即以后电池的充电量会减少。而锂离子二次电池却没有这种记忆效应，随时可以对其充电。

### 4. 自放电小

对于充好电的二次电池，其在放置过程中会一点点地自然放电，这种现象称作自放电。锂离子二次电池的自放电率为每月 5% 左右，与镍镉电池和镍氢电池每月 20% 的自放电率相比小得多（见图 1-8）。

智能手机之所以可以用移动电源外接充电，是因为锂离子二次电池没有记忆效应，自放电也很少，因此可以长期使用

图 1-8　智能手机用移动电源充电

### 5. 充放电效率高

锂离子二次电池的放电所得电量与充电所需电量之比（即充放电效率或库仑效率）为 80%~90%，电损耗相对较小，因此也适合作为蓄电池使用。

### 6. 寿命长

锂离子二次电池一般能承受 500 次以上的充放电循环，可以长期使用。如果使用得当，甚至可以达到 1000 次以上的循环。

### 7. 充电速度快

在恒定电流充放电的情况下，将 1h 内充电（或放电）到额定容量所需的恒定电流值定义为 1C。对于一般的二次电池来说，完全充放电的电流多为 1C 左右，而锂离子二次电池为 3C，也就是 3 倍速度（20min）就可以完成充电。

### 8. 大电流放电

此前，人们认为锂离子二次电池不适合大电流放电，这个问题如今已经得到了解决。现在工业上也已经出现了大型的、可以以几百 A 的大电流放电的产品了。

**9. 更宽的工作温度范围**

一般情况下电池可在$-20 \sim 60℃$的温度范围内使用（充电时为$0 \sim 45℃$）。因为锂离子二次电池不像其他电池以水溶液作为电解液，所以即使在$0℃$以下的环境中也能使用。在保证其能正常使用的温度范围内，温度越高容量越大。然而，电池在高温下放置会发生劣化，而在低温下放电能力会明显下降。

## ▶▶ 1-3-2 锂离子二次电池的缺点

**1. 常用领域与危险领域接近**

为了确保使用的安全性，电池中需要有监控充放电的保护电路。这是因为电池在充电时电压升高，正极和负极处于极强的氧化状态及还原状态，与其他低电压的电池相比，材料更容易变得不稳定。

**2. 过度充电导致短路**

对电池进行快速或过度充电的话，电池的正极一侧因电解液氧化、晶体结构破坏而发热，负极一侧的金属锂有可能析出，这将使得两极直接相连，从而导致电路短路，最坏的情况可能引起电池破裂和起火。因此，在充电过程中需要高精度的电压控制。

**3. 过度放电会导致二次电池功能丧失**

如果电池过度放电，则正极的钴可能会析出，负极集流体的铜也会析出，从而导致二次电池功能失效，这种情况也可能会导致电池异常发热。

**4. 有机溶剂可能挥发**

电池的有机溶剂电解液可能挥发或因外部损伤而泄漏。在这种情况下，可能会发生起火事故。因此，需要对电池进行保护，避免其受到外部冲击。

# 锂离子二次电池的课题研究

时至今日，人们仍在对锂离子二次电池进行不断改良，可以说锂离子二次电池现在依然是一种发展中的电池。正因如此，仍有各种各样的课题等待研究和克服。

## ▶▶ 1-4-1 材料问题

锂离子二次电池中使用了各种各样的材料，下面先来看看这些材料。

### 1. 负极材料

锂离子二次电池的材料中，碳基材料很常见，主要使用的是石墨，但也有产品使用钛酸锂（$Li_4Ti_5O_{12}$）。钛酸锂和钴酸锂一样，都是可以嵌入和脱嵌锂的晶体。

### 2. 正极材料

目前锂离子二次电池中使用的正极材料主要是钴酸锂（$LiCoO_2$），但也可以使用镍（Ni）、锰（Mn）等替代钴（Co）。

### 3. 电解质

锂离子二次电池的电解质通常使用有机电解液，例如，将锂盐（$LiPF_6$、$LiBF_4$、$LiClO_4$ 等）溶解在有机溶剂中，浓度约为 1mol/L。有机溶剂使用碳酸二甲酯、碳酸乙烯酯、碳酸丙烯酯等溶剂。

此外，还有一种锂离子聚合物电池，它使用凝胶状高分子（聚合物、塑料）而不是液体作为电解质。这种电池虽然具有轻且薄，可以设计成多种形状等优点，但作为电池来说性能似乎略显不足（见图1-9）。

### 4. 隔膜

锂离子二次电池通常使用由聚乙烯或聚丙烯等塑料制成的厚度约为 25μm 的薄膜，薄膜上有直径小于 1μm 的微孔。

锂离子聚合物电池。由于其
轻薄、形状自由而被用作轻
便薄款数码相机的电池。在
日本流通的锂离子聚合物电
池上都会印有"Li-Polymer"
字样或标志
（图片来源：维基百科）

图 1-9 锂离子聚合物电池示例

## ▶▶ 1-4-2 锂离子二次电池存在的问题

　　当年波音 787 首航时，电气系统故障频发，原因均为锂离子二次电池起火。在此之前，用于笔记本计算机的锂离子电池也频发起火事故，制造公司损失高达数百亿日元（数十亿人民币）。其中一个重要原因就在于电解液，燃烧可以说是有机溶剂的宿命。而且，现在使用的有机溶剂是碳酸类的，分子内有 3 个氧原子，自然是易燃的性质。

　　锂离子电池是现代社会不可或缺的电池，但是另一方面也确实有一些问题需要解决。

# 理想的电池

电子产品在向小型化和便携化方向发展，汽车在向电动化方向发展，可再生能源的普及等都带来了电力的储存问题，人们对电池，特别是二次电池和蓄电池的需求将持续增长。与此同时，对电池性能的需求，譬如更高性能、更小尺寸、更安全、更便宜等要求也在不断提高。那么，什么样的电池能够满足以上所有的要求呢？这样的电池会有实现的一天吗？

## ▶▶ 1-5-1 理想的性能

首先，从电池的性能方面考虑，1-4 节已经知道，以上提到的性能已经被列在锂离子二次电池的优点中，只要进一步把这些优点发挥到极限就可以了，即

1）能量密度大；

2）电动势高；

3）充放电效率高；

4）充电速度快；

5）无记忆效应；

6）自放电小；

7）可大电流放电。

这些要求对于锂离子二次电池来说都是理所当然的要求，而现在仍在对现行锂离子二次电池的这些性能做不断的改善。可是，电动势问题是由所使用的金属组合决定的，因此，如果想要得到更高的电压，则需要进一步的突破去寻找锂以外的金属（见图 1-10）。

美国通用汽车公司正在建设一个名为华莱士电池创新中心的专门设施，旨在降低电池成本并延长续航里程。据悉，通用汽车已于2020年3月发布了名为智能纯电平台(Ultium)的锂离子电池平台，到2035年，其车型将全为EV（电动汽车）。上图为设施想象图，中图和下图为Ultium发布时的照片

（图片来源：通用汽车）

图 1-10　美国通用汽车在建电池创新中心

## ▶▶ 1-5-2　理想的安全性

　　电池的安全性非常重要，性能再好的电池如果安全没有保障，也无法真正投入使用。早期装载锂离子二次电池的笔记本计算机频发火灾事故，使得锂离子二次电池的安全性受到质疑。

　　此后，波音 787 客机发生不明火灾，原因大多也在于锂离子二次电池。既然发生了这样的事故，人们的不安总是无法拭去，不免担心有一天还是会起火（见图 1-11）。

照片是2013年日航波音787飞机发生起火事故后回收的锂离子二次电池。原件和受损后相比，损伤大小可见一斑（中间图）。这起事故导致全世界8家公司约50架飞机（其中日航7架，全日空17架）停运。下图为羽田机场停飞的全日空机体

（图片来源：维基百科）

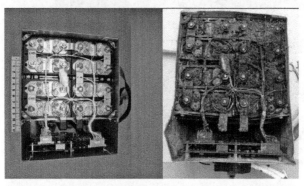

图 1-11 波音 787 起火后回收的锂离子二次电池

电池是处理电的装置，短路是难免的。短路后发热、起火，如果周围有可燃的有机物或气体，那么便会酿成火灾事故。

也许"理想电池"并不是指性能非常好的电池，而是指绝对不会发生火灾和事故的"安全电池"，这是由消极因素决定的。

电池的危险性不仅仅在于起火、着火，还在于化学电池内部正在发生的化学反应。化学反应如果朝着预料之外的方向发生反应，那么也许会生成预料外的化学物质，比如有毒的气体等。

## ▶▶ 1-5-3 理想的环保

电池使用了各种各样的金属、化学物质，其中就含有汞、镉、铅

等有害金属。电池总有一天会老化报废，那时必须特别注意不要让这些有害物质泄漏到环境中。

与其如此，不如最好就不要使用这些会导致环境污染的材料。元素中的贵金属元素本来在地壳中的含量就很少，若完全依赖这些元素开发电池，那么也迟早也会面临资源枯竭的难题。

### ▶▶ 1-5-4　理想的低价格

即便是再高性能、再安全的电池，若其价格高昂，恐怕也很难投入应用。试想用金或铂做出的电池，性能应该很不错，但如果将它们装在汽车上，汽车的价格随之变得昂贵，导致没有人购买汽车的话，那么我们对电池的需求又从何而来呢？由此可见，电池的性价比和是否容易制造也很重要。

民用太阳能电池是由硅半导体制作的。太阳能电池之所以贵，正是因为硅很贵。硅是地壳中仅次于氧的第二大元素，完全不用担心资源枯竭。那为什么硅这么贵呢？这是由于太阳能电池中使用的硅纯度要求为"7 个 9"，即 99.99999%，生产这种硅需要工厂具备先进的设备，同时需要耗费大量的电力，因此价格上涨是不可避免的。

正如太阳能电池中已出现了有机太阳能电池一样，理想的电池也可能出现有机电池，有机物就可以在工厂用低价原料进行大规模生产（见图 1-12）。

有机太阳能电池具有制造方法简单、生产成本低廉等优点。虽然转换效率和耐久性低还存在难点，但2020年日本理化学研究所宣布成功研发出了超薄有机太阳能电池，其能量转换效率提高了约1.2倍，长期保管的稳定性改善了15倍，非常值得期待
（图片来源：日本理化学研究所）

图 1-12　有机太阳能电池

# 第 **2** 章

# 全固态电池

所谓全固态电池，是将现行锂离子二次电池的液体电解质替换为固体电解质。其好处是除了能完全消除起火的危险性之外，还具有耐热性高、电池单位质量以及单位体积的能量密度高等优异性能。

# 电能的未来

近年来，地球的气候似乎正在发生变化。不同地区都发生了前所未有的降雨、洪水，冰川融化，极地地区的盐分浓度下降，海水的密度下降。受此影响，本应在格陵兰岛海域沉入海底的海水流动受阻，上下搅动数千米海水的海洋大循环降低了速度，使得不仅是在海洋表面，甚至陆地上的温度分布也会受到影响。

## ▶▶ 2-1-1 碳中和

导致这些现象的真正原因尚不清楚，但指责全球变暖的呼声很大，人们普遍认为其原因为化石燃料的燃烧导致 $CO_2$ 的增加。

$CO_2$ 大量溶解在海水中，气体在水中的溶解度随着温度的升高而下降。也就是说，如果气温持续上升，那么海水中不能再溶解 $CO_2$，这部分 $CO_2$ 就会进入大气中。

大气中 $CO_2$ 浓度的上升是肯定的，不过，究竟是空气中 $CO_2$ 浓度上升导致气温升高，还是因为气温升高，使得海水中的 $CO_2$ 气化从而导致空气中 $CO_2$ 浓度上升的呢？其中的因果关系尚不明确。

总之，日本政府顺应世界潮流，向世界宣布到 2050 年要实现碳中和。碳中和是指通过一定的手段将温室气体消耗或固定住，不排放到大气中，使得排放量等于吸收量，从而实现总体上的"零排放"。植物可以通过光合作用将空气中的 $CO_2$ 固定并转化为糖分，这样做可以实现抵消部分的碳排放量，至少不会再继续增加。

简单地说，到 2050 年化石燃料的使用要降到 0（见图 2-1 和图 2-2）。

| 1.海上风力、太阳光、地热 | 2.氢、氨燃料 | 3.新一代热能 |
|---|---|---|
| • 2040年，达成3400~4500万kW的项目（海上风力）<br>• 2030年，下一代型的目标为14日元/(kW·h)（太阳光） | • 2050年，引进2000万t左右（氢）<br>• 东南亚5000亿日元市场（氨燃料） | • 2050年，向现有基础设施注入90%的合成甲烷 |
| 4.核能 | 5.电动汽车、蓄电池 | 6.半导体、信息通信 |
| • 2030年，确立高温煤气炉的无碳制氢技术 | • 2035年私家车新车销售100%电动汽车 | • 2040年，半导体和信息通信产业实现碳中和 |
| 7.船舶 | 8.物流、客运、土木工程基础设施 | 9.食品、农林水产业 |
| • 于2028年前，提前实现零排放船的商业运行 | • 2050年，实现碳中和港口的港湾、建设施工等的脱碳 | • 2050年，实现农林水产业中化石燃料由来的$CO_2$零排放 |
| 10.飞机 | 11.碳回收、材料 | 12.住宅、建筑物、新一代电力管理 |
| • 2030年后，逐步搭载电池等核心技术 | • 2050年，实现人工光合作用塑料与现成产品并行（碳回收）<br>• 实现零碳钢（材料） | • 2030年，新建住宅和建筑平均净零能源房屋及零能源楼宇（住宅和建筑） |
| 13.资源循环相关 | 14.生活方式相关 | |
| • 2030年，引进约200万t生物质塑料 | • 2050年，碳中和、弹性舒适的生活 | |

图 2-1　2050 年实现碳中和的 14 个重要领域

### 2-1-2　替代能源

现代社会建立在能源之上，发一封邮件也离不开用电，而这些电是由发电站而来的。那发电站又是如何发电的呢？水力发电、火力发电、核电，或是风力发电、太阳能电池等可再生能源，发电方式有很多种类。从中去除使用化石燃料的火力发电所产生的电量，其他方式产生的电量可以推测得出。

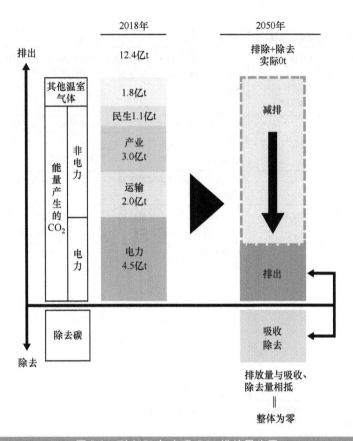

图 2-2　到 2050 年实现 $CO_2$ 排放量为零

## ▶▶ 2-1-3　氢能

其中，氢能源备受关注。氢分子（$H_2$）是由两个氢原子（H）结合而成的分子，在常温常压下为气体。氢气是一种非常轻的气体，密度只有空气的 0.07 倍，但它的燃烧性很强，如果点燃它就会引起大爆炸。

正因为如此，氢气燃烧产生的反应能（燃烧热）很大，产生的能量相当于石油和天然气［甲烷（$CH_4$）］。政府的目的是希望利用氢能和可再生能源来发电，从而填补化石燃料能源的空缺。能源使用现场面临的关键问题是不使用化石燃料的燃烧能源如何供应电能呢？

因此，备受关注的是通过燃烧氢气而产生电能的氢燃料电池和能将发电站生产的大量电能高效储存和利用的二次电池。

二次电池除了具有提供电力的普通电池的功能外，还具有储存剩余电力的蓄电池的功能。风力发电和太阳能电池的发电能力由天气决定，天气晴朗时发电，降水时无法发电，因此可在天晴时储存电力，在降水时利用蓄电池中储存的电力。电能不具备储藏性，而蓄电池，也就是二次电池恰好可以弥补。

# 全固态电池的发展历史

从 2-1 节可知,世界上第一个化学电池是在 1800 年研发出来的伏特电池,而实用性的化学电池是在 1836 年发明的丹尼尔电池。可充电的二次电池发明于 1859 年,也就是电池被投入使用仅仅 20 年之后。

## ▶▶ 2-2-1  从伏特电池到干电池

此后,普通电池(不能充电的一次电池)和(能充电的)二次电池同步发展。但是,无论是普通电池还是二次电池都存在一个难题,即电池里都是液体电解质。液体会产生蒸发、分解、漏液、容器破损等问题,不管是运输还是储存都很麻烦。

为了改善这个问题,人们设计出了干电池。设计干电池的出发点很简单,但仅仅是把液体的电解质浓缩成了溶胶,这为后来的人们提供的诸多便利是不言而喻的。

然而,干电池的电解质只是将液体吸附在了固体上,因此干电池并不算是固态电池。

## ▶▶ 2-2-2  固态二次电池

无论一次电池还是二次电池,传统电池的电解质都是液体,对研究人员来说,研发出固体电解质是多年来的梦想和课题。这其中面临的最大问题是电解质的离子传导性,现在还无法开发出具有高离子传导性的固体物质。1831 年左右,迈克尔·法拉第发现硫化银和氟化铅具有作为固体电解质的功能,但在此之后再无发展。

近年来随着电动汽车的普及,各国对固态电池的期望越来越高,固体电解质的开发也随之活跃起来。最近,为了实现固体电解质及固态电池的实用化，汽车和电机制造商也开始积极投资研究（见图2-3）。

在2021年9月末举办的"国际二次电池展"上，在丰田汽车发布消息之后，日本特殊陶业展示的全固态电池吸引了很多人。日本特殊陶业作为企业合作伙伴参与了ispace正在推进的民间月球探测计划——"HAKUTO-R"，预计全固态电池在宇宙探索中的应用将会更加广泛

图 2-3 日本特殊陶业展示的全固态电池

### ▶▶ 2-2-3 Bluecar 的发布

到了 20 世纪 50 年代后期，一些电化学系统开始采用银离子制成的固体电解质。但是，这种电解质的电池面临着能量密度及电动势低、内阻高等问题，并没有达到预期的效果。进入 20 世纪 90 年代，美国橡树岭国家实验室开发的新型固体电解质问世，人们开始用其制造薄膜锂离子电池。

到了 21 世纪，汽车和运输公司以及开发商开始对固态电池产生兴趣。2011 年，法国博洛雷公司推出了一款名为"Bluecar"的模型车。

这款 Bluecar 汽车应该说是使用高分子电解质的二次固态电池的先驱，而这种高分子电解质是将锂盐溶解在共聚高分子（聚氧乙烯）中而成的（见图2-4）。

2011年法国博洛雷公司推出的模型车Bluecar。虽然博洛雷公司的主营业务是物流，但其业务广泛，包括电动汽车和塑料等，Bluecar的机理本身也是由博洛雷公司开发的。值得一提的是，Bluecar的车身由意大利宾尼法利纳公司制造，该公司以法拉利的设计而闻名。Bluecar因在法国巴黎市推出的"Otrib"共享汽车中被采用而一举成名。

（图片来源：维基百科）

图2-4　法国博洛雷公司推出的 Bluecar

2012 年，丰田汽车为保持其在电动汽车市场的竞争力，也开始了旨在汽车行业应用的固态电池实验性研究，大众汽车则开始与一家专门从事这项技术的小型技术公司合作。

### ▶▶ 2-2-4　最近的发展

2013 年，经过一系列技术突破，科罗拉多大学的研究人员宣布开发了一种固态锂电池，该电池具有基于铁硫化合物的固态复合正极，与现有的全固态电池相比，具有更高的能量容量。

此外，在 2014 年，密歇根州的企业研究人员称，他们独立研发的固态锂离子二次电池实现了更高的能量密度和更低的成本，戴森以9000 万美元收购了这项技术。

2017 年，作为锂离子二次电池的共同发明人，古迪纳夫发布了一款全固态电池，该电池采用玻璃电解质和锂、钠（Na）、钾（K）等资源量丰富且价格低廉的碱金属作为负极。

### ▶▶ 2-2-5　企业间的竞争

2017 年，丰田宣布将与松下合作进行固态电池方面的研究开发。丰田此前已经开始研究固态电池，并拥有大量全固态电池的相关专利。不过，宝马、本田、现代汽车和日产等也很快加入到研发竞争中，不断有汽车制造商宣布独立开发固态电池技术。

菲斯克汽车公司宣布已经申请了一项全固态电池的专利，该电池每次充电 1min，续航可达 800km 以上，但尚未上市。2020 年，丰田宣布了"在 21 世纪 20 年代前期实现全固态电池的应用"的目标。对此，大众和日产的目标分别是在 2025 年和 2028 年。

中国新兴汽车公司蔚来于 2021 年 1 月宣布，将在其全新轿车产品线中推出全固态电池车型，并声称将于 2022 年发售（见图 2-5）。此外，村田制作所表示将于 2021 年内开始量产全固态电池，据悉该电池已被多家工业机构采用。

蔚来发布了轿车型新型电动汽车"eT7"，据悉，这款eT7的产品线中将会有一款全固态电池车
（图片来源：蔚来官网）

图 2-5　蔚来发布的新型电动汽车

就这样，很多企业关于全固态电池的开发研究都进入了最后阶段，颇有近期一举问世的势头（见图 2-6 和图 2-7）。

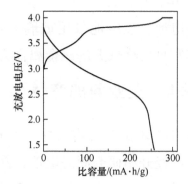

软银正在与住友化学和东京工业大学合作开发下一代电池。图为2021年11月发布的合作研究制备的全固态电池及其容量测试结果。为了推进研究开发高质量能源密度（W·h/kg）、轻量安全的下一代电池及其早期应用，软银于2021年6月成立了"软银下一代电池实验室"，该实验室将会对全球各种下一代电池进行评估和验证，旨在将其导入下一代通信系统等领域，以推动研发工作

（图片来源：软银发布）

图 2-6　全固态电池及其容量测量结果

在2019年举办的活动上，太阳诱电公司展示的一种小型设备可以将太阳能电池发出的电储存在全固态电池中

（图片来源：共同通讯社）

图 2-7　小型电能储存设备

# 2-3

## 全固态电池的原理和结构

所谓全固态电池，并不单纯是指固态的电池。如果说电池内结构中的所有组成部分都是固态，那么仅由两种半导体和两块电极板叠加而成的太阳能电池应该算是绝对的全固态电池，然而，太阳能电池却不叫全固态电池。当然，现存的干电池和纽扣电池等也不是全固态电池。

### ▶▶ 2-3-1 全固态电池

全固态电池指的是一种新型的锂离子二次电池。所谓新型，就是电解质不是液体，而是固体，也就是说电池内没有液体，正负极之间只有固体的电解质隔膜层（不同于传统隔膜，固体电解质起隔膜作用）的电池（见图2-8）。

液态电池的材料进化和创新

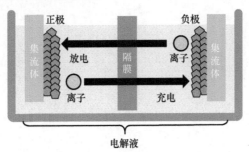

全固态电池

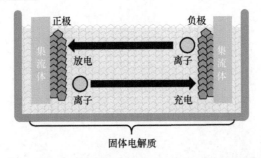

图2-8　液态电池与全固态电池的区别

## ▶▶ 2-3-2　与现行锂离子二次电池的区别

所以全固态电池的原理和结构基本与之前看到的锂离子二次电池完全一样。目前，大多数锂离子二次电池的正极使用 $LiCoO_2$，负极使用石墨等碳材料，这些电极在全固态电池中也是如此。区别只在于与现行锂离子二次电池使用的电解液不同，全固态电池使用的是固体电解质，而不是电解液。

不过，目前只是确立了部分量产技术，还没有到真正投入使用的地步。近年来，随着电动汽车（EV）的普及，其安全性备受关注，汽车制造商和电机制造商的研究和开发也如火如荼。

特别是在电动汽车的普及方面，由于现行电池在续航里程和充电时间方面还存在问题，因此人们对全固态电池的期待很大，相关研发也正在朝着实用化的方向进行。

# 2-4

## 全固态电池的种类

目前正在开发中的全固态电池可以分为堆积型全固态电池和薄膜型全固态电池，如图 2-9 所示。

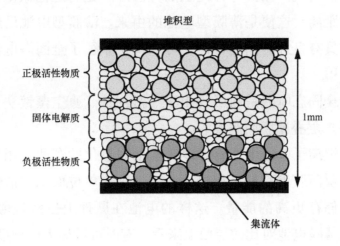

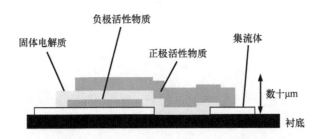

图 2-9  堆积型和薄膜型电池结构

### ▶▶ 2-4-1  堆积型全固态电池的特点

堆积型全固态电池与一般的锂离子二次电池在结构上相似，区别在于它们使用的电解质不是液体电解液，而是固体电解质。因此，开发具有高电导率且易于成形的固体电解质是实用化的关键。

## ▶▶ 2-4-2　薄膜型全固态电池的特点

一般情况下，离子在固体中比在液体中运动慢，以固体为电解质，电池的内阻会增大。减少这种内阻的方法之一是将电池做薄，以缩短离子的传输距离，这便是薄膜型电池的由来。薄膜型电池已经在实用化中被证实具有良好的循环特性，可以说这象征了全固态电池的巨大潜力。

薄膜型全固态电池是利用气相法（溅射法、真空蒸镀法、脉冲激光沉积法等）层叠薄膜而制成的。

为了将锂离子电池用于最有望实现全固态化的车载应用等，需要制造出用多层薄膜堆积的厚型电池，因为这样单位面积的活性物质质量大，可以储存更高的能量。这样的电池在原理上虽然是薄膜型的，但从与一般薄膜电池对比的层面上来看，有时可被称为堆积型电池。

极简图解全固态电池基本原理

# 全固态电池的特点

全固态电池有待开发，那么全固态电池有什么特点呢？

## ▶▶ 2-5-1  高能量密度

固体电解质的耐热性高于有机溶剂电解质，因此可以减少电池结构中冷却结构所占的体积和重量。这样，电池盒所占的体积和重量也可大幅度降低，这意味着可以提高电池的能量密度。

此外，固体电解质不易发生电化学分解反应，这使得利用正极活性物质成为可能，正极活性物质可表现出高电位，理论能量密度本身也有可能提高。

## ▶▶ 2-5-2  高安全性

锂电池的溶剂通常使用酯和醚等有机溶剂。由于有机溶剂是可燃性物质，因此使用时必须密切注意才能确保安全。

此外，用于车载和固定位置的电池通常较大，随着可燃性电解质质量增加，散热性能变差，电池温度容易升高。解决这类问题的根本方向是尝试使用不可燃物质作为电解质，而不可燃性物质的陶瓷类固体电解质有望成为候选（见图 2-10）。

## ▶▶ 2-5-3  高输出功率

在电池的固态化开发过程中，面临的最大挑战是输出性能的下降。通常情况下，液体中的离子迁移率高于固体中的离子迁移率，因此，目前使用的大多数电池都使用液体电解质。在很多情况下，当电解质从液体变成固体时，电池的输出性能也会下降。

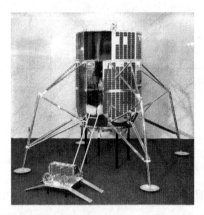

图为ispace正在推进的民间月面探测
计划"HAKUTO-R"的月球着陆器和
探测车模型。以锂离子电池为例,其
在月球表面低温下会结冰,而日本特
殊陶业正在开发的全固态电池,目前
能承受-30℃的低温条件
（图片来源：共同通讯社）

图 2-10　月球着陆器和探测车模型

## ▶▶ 2-5-4　长寿命

对于电动势较高的锂离子电池,正负极表面容易发生电解质分解
反应,这是导致电池性能下降的原因之一。但在固体电解质中扩散的
只有锂离子,因此,在液体电解质系统中产生的溶剂分子和锂离子以
外的阴离子不会被供应到电极表面,电极表面的电化学分解反应变得
困难。

此外,电极活性物质溶于电解质溶剂发生副反应也是导致电池劣
化的原因之一,而固体电解质则不会发生这种反应。

# 全固态电池的优缺点

虽然人们对全固态电池充满了期待，但全固态电池也有缺点。本小节就来看看全固态电池的优缺点。

## ▶▶ 2-6-1　全固态电池的优点

### 1. 安全性高

锂离子二次电池使用有机溶剂类材料作为电解液，因此可能会发生漏液、起火或破裂等事故。与此相反，全固态电池由于使用固体电解质，起火等危险性相对较小。

### 2. 工作温度范围宽

锂离子二次电池的工作温度范围有限，高温会导致隔膜溶解和蒸发，低温时因电解液黏度增加会引起内阻变大，因此在高温和低温下都无法使用。

然而，在全固态电池中固体电解质稳定性较高，即便在高温和低温状态下也不会出现液态锂离子二次电池中存在的问题。

### 3. 不易老化

在锂离子二次电池中，除了锂离子外，其他物质也会在电解液中移动。电池内除了本应发生的反应以外，还会发生副反应，这种副反应是电池老化的原因之一。

而在全固态电池中，由于电解质为固态，除锂离子外的其他物质不会在电解质内移动。因此，像上述锂离子电池中存在的副反应在全固态电池中很难发生，使得电池不易变质，寿命也会更长。

### 4. 不会发生漏液

锂离子二次电池中使用的是电解液，存在漏液的可能，而全固态电池则不会出现这种情况。

除了上述优点之外，全固态电池还具备可以快速充电、能量密度高、设计自由度高等诸多优点。

## ▶▶ 2-6-2 全固态电池的缺点

全固态电池的缺点包括电极和电解质的界面电阻较大，也就是说，由于电极和电解质都是固体，因此很难使这两者紧贴。

与现行的锂离子二次电池相比，在全固态电池中，由于电解质是固体，锂离子在电极之间移动时阻力增加。因此，作为电池来讲，输出功率难以提升也是其劣势之一。但是，随着优异传导性材料的不断研究开发，在不久的将来，这个课题很有可能被克服。

除此之外，虽然称不上是个劣势，但是今后要想实现全固态电池的真正普及，确立其量产技术也会成为一个难题。

# 全固态电池的用途

全固态电池具备包括安全性在内诸多优异的电池性能。那么，全固态电池会用在哪些方面呢？

### ▶▶ 2-7-1　全固态电池作为蓄电池

全固态电池是一种可充电的二次电池，所以现如今使用电池的机器设备都可以使用。而且，由于其具备如 2-6 节所述的诸多特点和优势，所以现在的电池在日后都有可能被全固态电池所取代。

实现全部取代存在成本方面的问题。今后，随着不断量产，价格下降，全球的电池和电力情况会不会发生很大的变化呢？

目前最令人期待的是车载全固态电池。现在汽油、重油等驱动的发动机汽车几十年后或许会消失。电动机驱动的电动汽车结构简单，正因为如此，以后有可能就不存在涉及汽车制造相关的工作了。也就是说，社会的产业结构将会发生巨大变化。

现在全固态电池被期待的是其作为蓄电池的能力。全球气候变暖问题日益严峻，社会正尝试放弃化石燃料，转而寻求替代能源，如核能、风力和太阳能等可再生能源。

但可再生能源的发电量取决于天气好坏。天气好的时候电力过剩，天气不好的时候电力不足。如果将过剩的电量储存在车载全固态电池中（即充电），那么当电力不足的时候，就可以使用这些过剩的电力。

当然，一辆车的电池电量是有限的。如果用网络将一定地域的汽车连接在一起，就可以构筑一个电力储藏供给系统，即虚拟发电厂（Virtual Power Plant，VPP）。将汽车作为社会基础设施中一环的智能电网，今后或许将会成为一种新的尝试（见图 2-11）。

第
2
章

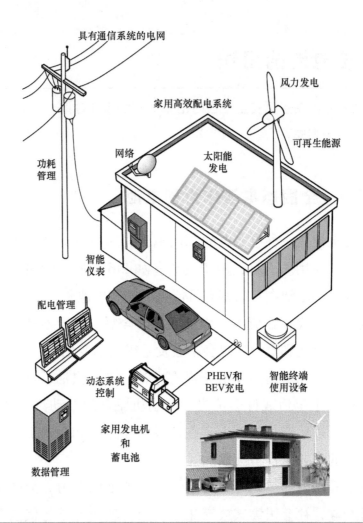

具有通信系统的电网

家用高效配电系统

风力发电

可再生能源

网络　太阳能发电

功耗管理

智能仪表

配电管理

动态系统控制

PHEV和BEV充电

智能终端使用设备

数据管理

家用发电机和蓄电池

图 2-11　智能电网的基本概念

极简图解全固态电池基本原理

# 第 **3** 章

# 固体电解质

电解质有助于电池中电极材料的离子化，帮助其产生的离子在电极间移动。以前的电解质是溶液，会发生各种各样的问题，人们为解决这些问题而开发了固体电解质。今后的电池也将以固体电解质为中心发展。

# 固体电解质简介

　　所谓全固态电池，并不是像之前反复叙述的干电池和无机太阳能电池那样，只是整体用固体做成的电池。全固态电池是指将传统的锂离子二次电池的液体部分，即液体的电解质溶液替换为固体，也就是固体电解质的电池（见图3-1）。

图为TDK发布的全固态电池"CeraCharge"，该电池未使用电解液，而是通过第5章介绍的陶瓷电解质进行充放电
　　（图片来源：TDK）

图 3-1　TDK 发布的全固态电池

## ▶▶ 3-1-1　锂电池与全固态电池的区别

　　其实，如果将其称为全固态型锂离子二次电池，是可以避免上述误解的，但是这样会使得电池的全称冗长，所以人们还是习惯上称其为全固态电池。

　　因此，充斥在现代信息社会上统称为锂离子二次电池的锂电池和全固态电池，其区别只有一点，即电解质是液体还是固体。

## ▶▶ 3-1-2　电解质

　　分子中有像甲烷（$CH_4$）一样不会分解的物质，也有像食盐（氯化钠，NaCl）一样，只要溶解在水中就会分解（电离）成钠离子

（Na$^+$）这种阳离子和氯离子（Cl$^-$）这种阴离子的物质。

电解质有助于离子物质，如氯化钠的电离，电离产生的离子，如Na$^+$、Cl$^-$在电解质中稳定存在并可以自由移动。

如第6章所示，当锌板（Zn）放入硫酸（H$_2$SO$_4$）水溶液中时，Zn溶解（电离）为锌离子（Zn$^{2+}$）和电子（e$^-$），同时产生氢气（H$_2$）。

在这个反应中，硫酸水溶液有助于锌的电离，即充当电解质。一般来说，酸的水溶液是一种优秀的电解质。如果把锌放入自来水里，就不会发生这种反应，所以水（纯水）不能用作电解质。

因清洁和去污功效闻名的柠檬酸虽然也是酸，但却呈固体（粉末），把锌放在这种柠檬酸中也不会产生氢气，也就是说，固体柠檬酸虽然是酸，却不是电解质。而如果把锌放入溶解了柠檬酸的水中，即使反应很慢，锌也会溶解从而产生氢气。也就是说，柠檬酸水溶液是电解质。

# 固体电解质的原理

如3-1节所述，固体电解质就是电解质的固态形式，能够通过施加外部电场来使得离子移动的固体称为固体电解质。反过来，也可以利用离子的移动来获取电力。

## ▶▶ 3-2-1 电流的本质

电流看不见摸不着，所以当被问及电流是什么时，是不是很难回答呢？

### 1. 电流是电子的流动

其实答案很简单，电流就是电子的流动。所有的物质都是由原子组成的，而这个原子就像一个云雾状的球，围绕着中心又小又重（密度大）的原子核，周围存在电子云，就像是由电子组成的云包围着原子核（见图3-2）。

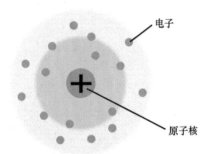

电子

原子核

图 3-2 电子和电子云

电子脱离原子集体移动、流动即形成电流。历史上对电子的流动方向和电流方向的定义是相反的，当电子从 A 流向 B 时，电流定义为从 B 流向 A。

**2. 电流是离子的流动**

不仅电子的移动可以产生电流，阴离子是带负电荷的（物质）离子，即物质上附加了电子。因此，如果负离子移动，则意味着物质和电子同时移动，也就是说，电子在移动，也会产生电流。正离子移动也是一样的，只不过是电流的方向变了。

金属和半导体中电流的流动是由于电子的移动。与此相对，电解质中的电流是由于电子和离子的移动。像离子那样负责带着电子移动的物质一般称为电荷载体。

**3. 电解质的作用**

电解质在电池中的作用是负责在正、负极之间运送载体。在锂离子电池中，一般使用溶解了 $LiPF_6$ 等锂盐的非水溶剂碳酸酯类有机溶剂，即有机溶剂的电解液。

有机溶剂是易燃的，锂离子电池存在着火的风险。可是如果使用水，则锂与水又会发生放热反应，产生可燃性的氢气，当遇到明火时会发生大爆炸。

锂离子电池的电解液所要求的特点之一是电化学稳定性。对于使用水类电解质的电池，如铅蓄电池、镍镉电池或镍氢电池，由于电解液中的水会被电解，因此在提高电池的电动势方面存在局限性。

## ▶▶ 3-2-2　固体电解质的特性

关于固体电解质的研究，到目前为止主要是以氧化物和硫化物为中心的。众所周知，通常在固体电解质中，介质是固体，因此离子的移动速度会变慢，尤其是在低温下，其导电性往往较差。但最近有研究发现了能展现出较高电导率的材料，还发现氧化物具有高化学稳定性，而硫化物具有优异的成形性（见图3-3）。

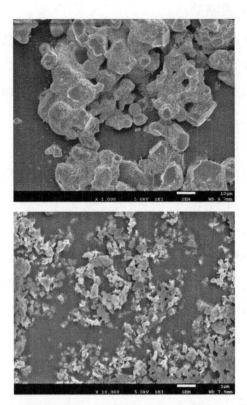

富士色素（GS联盟）开发的全固态锂离子电池用固体电解质LLZO的扫描电子显
微镜照片（上图是普通粒径品，下图是微粒品，注意倍率及长度不同）。也可以
提供粉体和墨水，通过纳米尺寸微粒分散技术也可以达到300~500nm
（图片来源：GS联盟）

图 3-3   固体电解质的扫描电子显微镜照片

　　然而，如果在全固态电池中使用这些固体电解质，则需要其与
电极活性粒子进行固体界面结合，因此固体电解质的机械性能至关
重要。

　　从这方面考虑的话，硫化物电解质的优点是只要将粉末常温加压
成形，就会形成致密的固体，因此比较容易与活性物质结合。相比之
下，氧化物电解质需要高温烧结工艺来实现致密化和界面结合。但如
果将其与电极材料一起进行高温烧结，那么两者之间又可能会发生化
学反应。为了避免这种情况发生，就需要开发出低温烧结工艺。

## 3-2-3 锂离子二次电池的特性

锂离子二次电池的电解液使用了电位窗（其物质不被电解的电位）较宽的有机溶剂和抗氧化性较好的锂盐，因此比水系电解液具有更好的抗高压能力和更高的能量密度。

锂离子二次电池发挥作用时，作为电荷载体的锂离子必须随着充放电过程在正负极之间移动。因此，电解质是一种重要的材料，而全固态电池是指电解质采用固体电解质的电池。

决定电池性能的不仅仅是制作正负极的材料，电解质作为在正负极之间负责载体运输的物质，同样起着非常重要的作用。

# 3-3

# 固体电解质的种类

锂离子导电固体电解质材料作为实现锂离子二次电池全固态化的关键材料而备受关注。

### ▶▶ 3-3-1 固体的种类

通常，固体电解质可以根据固体类型分为有机固体电解质和无机固体电解质。

### ▶▶ 3-3-2 有机固体电解质

有机固体是指有机高分子，也就是塑料。高分子凝胶电解质已经被实用化为锂聚合物电池的电解质。高分子凝胶电解质和本征高分子电解质由于具有交联结构，因此在宏观上不像三聚氰胺树脂等热固性树脂那样流动，但热力学上一般使用其在玻璃化转变温度以上的液体状态，这种状态会有一定的弹性。

另外，因为是有机物，所以是可燃性的。因此，锂离子二次电池的可燃性这个缺陷无法完全消除。

### ▶▶ 3-3-3 无机固体电解质

相反，无机固体电解质在晶体（陶瓷）和非晶体（玻璃）中都处于热力学的固体状态，可以很容易地实现仅有锂离子移动的单离子传导，因此可以制造出不容易发生副反应的锂离子电池。此外，由于无机物不易燃，所以制造出的电池安全性极高（见图3-4）。

到目前为止，关于无机锂离子导体主要探讨的是以晶体材料为中心的氧化物类和以非晶体材料为中心的硫化物类材料。

图为日本触媒公司开发的锂离子电池用电解质"IONEL"，其特点是纯度高、溶剂和副产物少、电化学特性稳定，有望用作全固态电池电解质
（图片来源：日本触媒公司）

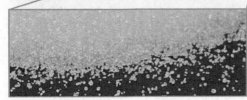

图 3-4　日本触媒公司开发的 IONEL

### 1. 陶瓷电解质

陶瓷电解质是由金属氧化物、碳化物、硼化物和硫化物等无机化合物构成的固体电解质。

氧化物离子导电陶瓷电解质已经在高性能 SOFC 技术等方面得到了实用化，这是一种可以利用多种燃料的高效能量转换技术。未来的目标是开发在室温下具有高锂离子导电性和耐水性的大面积片状陶瓷电解质，并将其用于全固态电池。

该电解质不仅适用于全固态锂离子电池，理论上也将应用于能量密度远大于锂离子电池的锂-空气电池。

### 2. 陶瓷的可加工性

在现有技术中，制造陶瓷电解质的原料是在 1400℃ 左右的高温下熔融，使其转化为玻璃化状态的粉末后使用。然而，最近通过将低温结晶的粉末直接用作电解质片材的原料，可以制造出比以前更光滑、更薄的陶瓷电解质片材（见图 3-5）。

图示陶瓷电解质片由日本产业技术综合研究所（产综研）开发，具有高耐水性和热稳定性，可在室温下实现高综合电导率，用于下一代蓄电池。该材料除了有望作为陶瓷电解质用于高安全性的全固态锂离子电池之外，还凭借其优异的耐水性，有望用作锂-空气电池的电解质材料
（图片来源：产综研 极限功能材料研究部门）

该材料由于具有足够的抗弯曲应力强度，预计在移动终端电池使用中可以灵活应对如振动等外部应力
（图片来源：产综研 极限功能材料研究部门）

图 3-5 陶瓷电解质片

同时，该工艺还能显著降低晶体之间的晶界电阻，这一直是陶瓷电解质中存在的问题。因此，虽然该工艺制造的陶瓷电解质材料是多晶体，但却成功地实现了接近材料原本晶粒中离子电导率的综合电导率。也就是说，它的性能接近单晶体。

### 3. 玻璃类固体电解质

硫化物电解质是一种玻璃固体。由于粉末状原料只需高压压制就会变成固体，因此不需要加热，电池制作时电极和电解质之间不存在发生有害化学反应的危险。此外，由于原材料粉末微粒具有一定的柔韧性，使得电极和电解质之间的接触性变好，从而降低了内阻。

# 3-4

# 氧化物和硫化物

在没有流动性的无机固体中，其构成粒子为离子，而快速传导离子并不是一件容易的事情。

### 3-4-1 结晶与非晶

首先，无机固体电解质大致分为结晶材料（陶瓷）和玻璃（非晶、非晶固体）材料。在结晶材料中，特殊的晶体结构，比如有无晶格缺陷结构和层状结构，对于提高离子电导率至关重要。另一方面，对于玻璃材料，提高载流子锂离子的浓度是提高电导率的关键。

在无机固体中，组成晶格的氧化物离子和硫化物离子是补偿阳离子锂离子电荷的阴离子，但具有更大极化率的阴离子对锂离子的传导有利。在这方面，通过对氧化物和硫化物的对比可知，不管在晶体还是玻璃中，极化率较大的硫化物中的锂离子电导率通常较高。

### 3-4-2 氧化物

氧化物具有在大气中稳定性好这一优点，与之相对的是其难以降低晶界电阻。另外氧化物还有一个缺点就是玻璃电导率不高。在氧化物全固态电池中的应用方面，非晶薄膜是通过溅射法制造的，主要用作薄膜电池的电解质。

### 3-4-3 硫化物

另一方面，硫化物电解质主要以玻璃为中心进行开发，获得了在室温下具有高电导率的玻璃材料。此外，通过玻璃结晶得到的玻璃陶瓷也取得了良好的结果。

目前，在硫化物电解质中已经开发出了电导率可与电解液相媲美的材料。考虑到硫化物电解质没有电解液那样阴离子的迁移，而只有锂离子一种单离子导体，这意味着承担电池工作的锂离子的电导率已经超过了电解液。

此外，硫化物电解质在宽电位范围内具有电化学稳定性，并且由于其成形仅在室温下加压即可进行，因此可大幅度降低晶界电阻，从而具有优异的加工性能，在全固态电池中的应用方面具有诸多优点（见表3-1）。

表 3-1　几种电解质的对比

| 种类 | 特点 |
|------|------|
| 硫化物 | · 离子电导率高，可塑性强<br>· 室温下可充放电，需要加压<br>· 与水反应产生有毒的硫化氢气体 |
| 氧化物 | · 稳定性高，反应不会产生气体<br>· 需要烧结工序制作<br>· 电极坚硬，结合困难<br>· 充放电时需要加热和加压 |
| 高分子 | · 无挥发性，燃烧缓慢<br>· 充放电时无需压力 |

表格来源：《电气新闻》2020 年 7 月 13 日刊。

# 金属离子导电固体电解质

目前已经开发出了很多种类的固体电解质，其中一种是金属离子移动的电解质，通常称为金属离子导电固体电解质。

### ▶▶ 3-5-1 金属离子

自然界中存在有 90 种左右的元素，其中 70 种左右，也就是说三分之二以上的元素是金属元素。通常金属元素很容易释放出电子，变成带正电荷的阳离子，而此时释放出的电子个数因金属而异。有的释放 1 个电子，变成一价阳离子（阳离子），有的释放 4 个、5 个，变成四价、五价阳离子。

还有像铁一样的金属，根据外部条件释放 2 个或 3 个电子，如 $Fe^{2+}$、$Fe^{3+}$ 等。很多金属会以这种方式形成几种阳离子，在这些金属离子中，一价阳离子作为有助于传导的离子传导材料，人们在很久以前就开始研究了。比如，20 世纪上半叶人们就发现了可使一价银离子 $Ag^+$ 和同样一价的铜离子 $Cu^+$ 在固体中高速扩散的材料。

例如，碘化银 AgI 在 147℃ 或更高的温度范围内，晶体状态发生相转变，从低温相转变为高温相，其电导率增加了几个数量级。

### ▶▶ 3-5-2 碱金属离子导电固体电解质

元素周期表（见图 3-6）中属于 I A 族的金属元素，如锂（Li）、钠（Na）、钾（K）等，通常被称为碱金属元素。碱金属元素失去电子会变成一价阳离子。

最近，随着大容量蓄电池的发展，碱金属阳离子，特别是锂离子（$Li^+$）和钠离子（$Na^+$）高速传导的固体电解质（碱金属离子传导性固体电解质）的研究日盛。由于这些无机固体电解质不像液体电解质

第 3 章

那样具有流动性，且具备阻燃性，因此使用它们将电池全固态化可以从根本上提高电池的安全性。

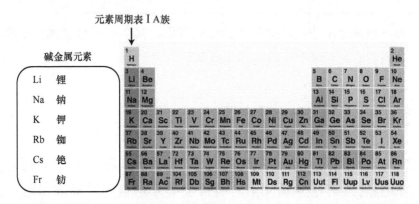

图 3-6　元素周期表

固体电解质有几个要点，其中最重要的是离子电导率（电导率）和电位窗。在固体电解质中，离子传导势垒比液体电解质高，所以一般难以实现优异的离子传导性。然而，阴离子与有助于传导的液体电解质不同，只有 $Li^+$ 和 $Na^+$ 等一价阳离子有助于传导，这是碱金属离子传导固体电解质的优点之一。

# 锂离子导电固体电解质

本节来看看能让锂离子移动的固体电解质。

## ▶▶ 3-6-1 氧化物锂离子导体

氧化物锂离子导体的研究和开发包括晶格缺陷结构、层状结构和通道结构在内的各种晶体材料，这些结构有利于离子的移动。其中，许多材料存在电导率高但吸湿性也极高，或者稳定但在室温范围内离子传导性不足的问题。接下来，将对比较稳定、室温下电导率高的导体进行说明。

### 1. NASICON 离子导体

NASICON 是 Na⁺ Super Ionic Conductor 的缩写，由于该固溶体在300℃下表现出较高的钠离子传导性而受到关注。将 Na 替换为 Li 也存在同样的结晶结构，其中一些在室温下展现出了良好的传导性。

如上所述，NASICON 固体电解质是一种通过晶界控制和玻璃的结晶化，提供高传导性的材料。

### 2. 钙钛矿离子导体

早在 1993 年就有报道称，钙钛矿多晶体具有较高的锂离子导电性。通过用更大的钡（Ba）离子取代部分镧（La）离子，可以得到具有更好导电性的多晶体。然而，该材料在应用于电池时，会受到诸如不能使用锂金属或锂合金等负极材料的限制。

### 3. β硫酸铁型离子导体

$Li_3Sc_2(PO_4)_3$ 等 β 硫酸铁材料在高温下也表现出稳定和相对较好的离子导电性，但在室温下低温相的导电性较差。通过对这类材料进行各种元素置换，尝试高温相的室温稳定化。结果表明，通过取代为稀土元素，如钪（Sc）和钇（Y），可以获得在室温下具有高电导率的固溶体。

### 4. 非晶离子导体

在具有高传导性的锂离子传导性固体电解质中，还包括氧化物玻璃类物质。其中一些物质的薄膜形态在室温下具有很高的电导率，作为薄膜电池用固体电解质材料引起了人们的关注。

## ▶▶ 3-6-2　硫化物锂离子导体

尽管氧化物玻璃具有优异的热稳定性和化学耐久性，但其在室温下的电导率较低，不足以作为锂离子二次电池的电解质。因此，人们使用极化率更大的硫化物离子代替氧化物离子，开发了硫化物玻璃，其在室温下展现出非常高的电导率。

然而，硫化物玻璃在制造过程中存在一个问题，即必须在减压封管中才能合成。但以 $Li_2S\text{-}SiS_2$ 为基础的材质在室温下具有高电导率，同时在常压下可以合成，并且具有化学稳定的优良性质。

因此，硫化物锂离子导体被视为可用于全固态锂电池极具前景的材料之一，今后会有更深入的研究。

# 全固态电池的新材料

目前对主流的锂离子二次电池来说，正极材料通常使用钴酸锂（$LiCoO_2$），负极材料使用碳材料（石墨等），电解质使用 $LiClO_4$、$LiPF_6$ 等含有锂离子的有机电解液。正如之前看到的那样，固体电解质的研究正在迅速推进，预测未来几年全固态电池将会成为主流。

不仅电解质在不断地研究改进，电极材料的改进研究也在进行中（见表3-2）。

表 3-2　几种正极材料的特点

| 正极材料 | 化学式 | 特点等 |
|---|---|---|
| 钴酸锂 | $LiCoO_2$ | · 可得到大电流输出<br>· 容易制造<br>· 需要防止过充电的对策 |
| 锰酸锂 | $LiMnO_2$ | · 安全性高<br>· 价格比其他材料便宜 |
| 镍酸锂 | $LiNiO_2$ | · 热稳定性稍低<br>· 充放电循环特性也较低 |
| 磷酸铁锂 | $LiFePO_4$ | · 安全性高<br>· 寿命长且价格便宜<br>· 特斯拉计划全球转型为磷酸铁锂电池 |

## 1. 正极材料

锂离子二次电池的性能远超传统电池，是一种非常优秀的电池，但同时也存在一些问题，其中一个是有起火的危险。此外，电极材料中含有除了锂之外的稀有金属，这使得制作出的电池不仅价格昂贵，还存在流通不稳定等问题。

例如，用于正极的 $LiCoO_2$，由于钴（Co）是昂贵的稀有金属，所以目前正在开发新型锂离子二次电池，其中 $LiMnO_2$、$LiNiO_2$ 则使用价格更低的锰（Mn）和镍（Ni）。

另外，$LiCoO_2$ 的层状晶体结构也存在安全问题。由于过度充电等情况下电池温度上升到 100℃ 以上时，晶体结构会被破坏而产生氧气，导致其将与有机电解液反应从而引起起火和冒烟。因此，具有新型晶体结构的电极材料也在积极开发中。

### 2. 新型正极材料

例如正在研究的含有磷（P）和铁（Fe）的 $LiFePO_4$ 材料。这种新型全固态电池材料含有 P 元素，与氧原子因强共价结合在一起，会形成稳定的橄榄石型晶体结构，可以抑制随温度升高产生的氧气，具有很高的安全性。

此外，有研究尝试使用氧化钒（$V_2O_5$）来实现电池的安全性和高容量化。在负极的碳材料中预先掺杂锂离子，锂离子通过充电反应移动到正极材料 $V_2O_5$，从而实现高容量化。$V_2O_5$ 材料非常安全，其晶体结构坚固，即使在 300℃ 以上也不会产生氧气。

### 3. 负极材料

关于负极材料，目前也在尝试使用合金系列等能够实现高容量化的新材料，来代替至今为止独占鳌头的碳材料。

例如，通过在负极的极板表面形成绝缘金属氧化物的耐热层，能够实现即使在电池内部发生短路的情况下，也能抑制其发热。

此外，有报告称，通过使用某种合金材料取代碳（石墨）作为负极材料，可以将电流容量提高 20%~40%。

---

**专栏**

## 锂离子二次电池起火事故

2006 年 8 月，搭载索尼锂离子电池的笔记本电脑电池组发生起火事故，该笔记本电脑被主动召回。以此为开端，锂离子二次电池的安全性问题浮现在人们眼前。

极简图解全固态电池基本原理

索尼公司表示，事故原因是金属微粒混入电池单体内从而导致发热、起火。据悉，在片状电极和隔膜的加工制造过程中，金属镍（Ni）微粒混入电池的特定部位，这些微粒溶解在电解液中，并在隔膜的负极侧固化。再加上锂金属晶体析出，晶体尖锐刺穿隔膜，导致正负极之间发生短路（见图3-7）。

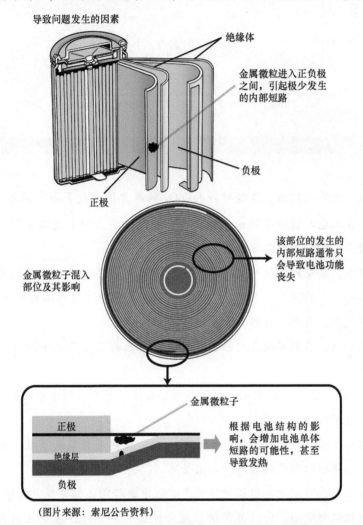

（图片来源：索尼公告资料）

图3-7 笔记本电脑用电池的事故原因

锂离子二次电池的火灾事故每年都在持续增加，图3-8是东京消防厅管辖范围内起火事故数量变化，截至2021年9月份已经发生了90起事故。

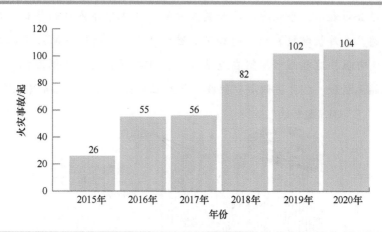

图 3-8　东京消防厅管辖范围内起火事故数量变化

对此，也有人提出，正极材料 $LiCoO_2$ 的晶体结构是否存在问题？$LiCoO_2$ 呈层状，在充电时锂离子脱出，如果过充电或过热，那么锂离子可能会从层间脱出过多，从而导致晶体衰变。

据推测，衰变时晶体可能产生热，进而使周围晶体衰变，导致连锁性的衰变和发热，从而发生"热失控"现象。假设电解液在这种热的作用下蒸发，变成易燃气体，再加上短路而导致起火。

无论如何，这起事故再次凸显了电极材料在锂离子二次电池安全性方面的重要性。

2006 年 12 月，就在索尼电池问题告一段落的时候，用于手机的锂离子二次电池发生了故障。

这是一个手机在充电中或充电后不久异常发热而开裂的事故，该款手机搭载的是三洋能源制造的锂离子二次电池。

究其原因，可能是电极板缠绕生产过程中进行定位的装置与负极板接触，导致负极板端部变形，由于其掉落等造成冲击伤及隔膜，在电池的反复充放电过程中，负极板刺破隔膜导致短路（见图 3-9）。

此外，2013 年 1 月，刚刚投入使用的波音公司新锐 787 飞机发生电池起火事故，导致飞机返航。这是搭载了 GS YUASA 公司制造的锂离子二次电池发生短路引起的事故。

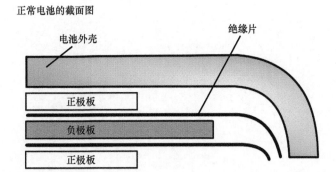

正常电池的截面图

电池外壳
绝缘片
正极板
负极板
正极板

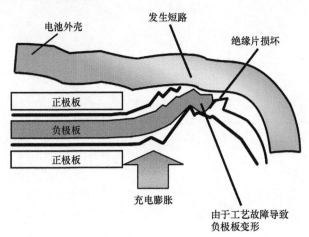

发生异常的电池截面图

电池外壳
发生短路
绝缘片损坏
正极板
负极板
正极板
充电膨胀
由于工艺故障导致
负极板变形

（图片来源：三菱电机公告资料）

图 3-9　移动电话用电池的事故原因

如上所述，由于内部短路引起的事故不断发生，各公司开始探索避免短路的制造方法和电极结构。全固态电池的开发也可以看作是这种趋势下的一环。

# 第**4**章

# 面向汽车的全固态
# 电池的概要

---

目前，全固态电池的开发是在为电动汽车用蓄电池做准备的。搭载在汽车上的蓄电池有很多需要满足的条件，比如体积小、重量轻、容量大、充电时间短等，但最为重要的是安全性。尤其是针对火灾和副反应的安全性等都是有要求的。

# 丰田汽车发布全固态电池概念车

业界期盼的全固态电池车即将实现。丰田汽车于 2021 年 9 月 7 日发布了搭载全固态电池的电动汽车样品车。从官方 YouTube 频道公开的视频中可知这款车是 2020 年 6 月开发的（见图 4-1）。丰田公司宣传说："这是搭载全固态电池的概念样车，也已取得了正式牌照。

2021年9月7日，在丰田汽车的"丰田电池的开发与供给——为了实现碳中和"发布会资料中公开的全固态电池汽车的概念车。在丰田官方YouTube上可以看到概念车（下图）的视频，但样品车已被拆除（2021年10月14日确认）（图片来源：丰田汽车）

图 4-1 丰田汽车的全固态电池汽车的概念车

## ▶▶ 4-1-1 全固态电池车

全固态电池可以说是改变电动汽车产业的划时代技术。目前销售的电动汽车所搭载的电池（锂离子二次电池）使用的是液体电解质。相比之下，全固态电池的电解质不是液态的，而是固态的。

全固态电池作为下一代电池之所以受到关注，是因为它与锂离子电池相比，发生爆炸和火灾的危险性小，而且行驶距离长。

## ▶▶ 4-1-2 丰田汽车的未来计划

发布当天丰田汽车还透露了电动汽车电池投资计划，据说到 2030 年，丰田预计投入约 1.5 万亿日元，这其中包括一个全固态电池发展计划。丰田还解释说，他们正在设计第一款能够利用全固态电池的车型。此次只披露了电动汽车电池投资的金额，并没有公开具体的电池工厂建设计划（见图 4-2）。

电动汽车全系列

2021年9月7日，丰田汽车的"丰田电池的开发与供给——为了实现碳中和"发布会资料中，公开了到2030年为止的电动汽车全系列，也列举了作为新型锂离子电池的全固态电池
（图片来源：丰田汽车）

图 4-2　丰田汽车到 2030 年为止的电池车全系列

丰田汽车宣布 2030 年将在全球市场销售 800 万辆电动汽车，其中包括混合动力汽车，并计划在 2025 年之前发布 15 款纯电动汽车。此外，丰田将实现电动汽车电池和汽车同步生产，摸索将成本缩减到现在一半水平的方法，所以电动汽车势必会稳定在一个合适的价格（见图 4-3）。

第 4 章　面向汽车的全固态电池的概要

HEV

Hybrid Electric Vehicle

（混合动力汽车）

普锐斯

PHEV

Plug-in Hybrid Electric Vehicle

（插电式混合动力汽车）

雷克萨斯NX 350F SPORT

BEV

Battery Electric Vehicle

（纯电动汽车）

bZ4X概念车

FCEV

Fuel Cell Electric Vehicle

（燃料电池电动汽车）

MIRAI

共计800万台

图 4-3  电动汽车的类型（以丰田汽车为例）

　　虽然此次发布的样品车只是一款概念车，但随着丰田汽车发布的全固态电池车，电动汽车电池市场的竞争将更加激烈。以锂离子电池为主的现有电池市场也很有可能发生巨大重组。

　　围绕全固态电池以及搭载了该电池的全固态电池汽车的业界构想至此终于结束了开发阶段，进入到了销售阶段。今后的发展令人拭目以待。

# 电动汽车

汽车是在 1769 年发明的，当时日本还处于江户时代。早期的汽车是由蒸汽机和电动机驱动的。也就是说，电动汽车在汽车历史的早期就已经存在了。现在主流的燃油汽车诞生于 1885 年，德国人戴姆勒发明了发动机，并在 1886 年研发出四轮车。同样是在 1886 年，卡尔·本茨制造了汽油机三轮车并开始实际销售。自此之后，汽车就是以汽油机为主体发展起来的（见图 4-4）。

"甲壳虫"的开发者，奥地利的费迪南特·保时捷在汽车史上名垂青史，早在1899年，费迪南特·保时捷还开发了一款名为"罗纳尔·保时捷"的电动汽车。虽然此款电动汽车没有上市销售，但却是世界上第一辆没有变速器的汽车

（图片来源：维基百科）

被誉为"发明大王"的美国的托马斯·爱迪生也曾积极参与电动汽车的开发制造，并开发了可充电电池。图为爱迪生和一款名为"Detroit Electric Model 47"的电动车

（图片来源：维基百科）

图 4-4　历史上的电动汽车

## ▶▶ 4-2-1　电动汽车发展背景

近年来，二氧化碳的排放被公认为是全球变暖的原因，世界各国

转而限制二氧化碳排放。

日本政府宣布在 2050 年之前实现碳中和，中国也宣布在 2060 年之前实现碳中和。全球都在竞相控制化石燃料燃烧产生的二氧化碳。

与此同时，人们不得不重新审视使用传统化石燃料，即汽油和柴油的发动机汽车。发动机汽车之后出现的汽车便是使用电能行驶的电动汽车。

从机械角度来看，电动汽车与发动机汽车相比，结构简单、零部件少、组装容易，当然价格也能控制得相对便宜，但问题就是电力供应（见图 4-5）。

日产汽车曾经也偶尔发布小轿车型和卡车型，到1951年左右，由于出租车需求量增大而被重视。后来被列入日本机械学会"机械遗产"第40号

（图片来源：NISSAN HERITAGE COLLECTION online）

图 4-5　1947 年发布的电动汽车"TAMA"

## ▶▶ 4-2-2　锂离子二次电池型和氢燃料型

从实现的可能性上来说，电动汽车有通过连接插座和插头来供电的类型，也有使用电池的类型。虽说是通过插座取电，但汽车无法在行驶途中连接插座，所以必须把电暂时储存在蓄电池里。

目前能考虑到的最好的电池只有锂离子二次电池。也就是说，插电式电动车也要使用电池（二次电池）。而非插电式电动汽车能够作为能源使用的电池只有燃料电池，目前正在向实用化发展的是氢燃料电池。

也就是说电动汽车只有两种类型，一种是搭载锂离子二次电池的插电式，一种是搭载氢燃料电池的电池式（见图4-6）。

2010年，日产汽车开始发售"LEAF"，
这是全球首款量产电动汽车。图为第一
代ZEO型，右图为其电池（上）和电池
模块（下）
　（图片来源：日产汽车）

图 4-6　日产汽车的第一代 ZEO 型电动汽车

# 电动汽车的分类

电动汽车有很多的种类。在电动汽车的开发方面，全世界很多汽车制造商都在竞相研究，各公司的开发状况都是保密状态，相关用语也多使用各公司独自的标准。

因此，同样的技术有多个名字，或者有时不同的技术用同样的名字称呼，难免会混乱。虽然随着技术的发展，相关术语将会慢慢统一规范，但目前请大家注意不要混淆。例如，在电动汽车分类上就存在着可能会混淆的情况。

## ▶▶ 4-3-1 HEV 和 PHEV（PEV）

自从 1997 年 10 月，丰田汽车开始将普锐斯作为"世界上第一辆量产混合动力汽车（HEV）"发售以来，普锐斯不断改进，每次都持续受到社会的关注（见图 4-7）。

**1. HEV 和 PHEV 的区别**

一般来说，HEV（Hybrid-Electric Vehicle，混合型电动汽车）是指混合型动力的汽车，也就是使用两种以上的动力源行驶的汽车，通常是指发动机和电动机都可以行驶的汽车。

在日本和北美，以发动机的旋力为动力带动发电机转动的混合动力车是主流。发电的动力来源主要是发动机，辅助使用二次电池和再生制动器。

PHEV（或称 PEV）就是插电式混合动力型电动汽车的简称。这是一种从插座中获取电动机转动所需的电力，并将其储存在蓄电池（二次电池）中的车型。

**2. PHEV 的优点**

HEV 和 PHEV 各有优缺点，PHEV 的优势包括以下几个方面：

1997年10月，丰田汽车旗下的"普锐斯"开始上市，成为了世界上第一款HEV。值得一提的是，丰田汽车此前将混动型电动车标注为HV，但从2021年5月起，开始将HV更名为HEV，PHV更名为PHEV，EV更名为BEV
（图片来源：丰田汽车）

普锐斯从第三代开始增加了PHEV（此前名为PHV）车型。右图为PHEV车型的车辆电源连接器
（图片来源：丰田汽车）

图 4-7　丰田 HEV 和 PHEV

1）燃料费比 HEV 车便宜。如果电池有充裕电量可以用电力驱动行驶，则汽油加油次数会减少，燃料费也降低了。

2）比电动汽车能跑更久。电动汽车没有电池就不能驾驶，而PHEV 用汽油也可以放心行驶。

3）作为电源使用。

电池充电后的电力可以用于家电等，也可作为灾害时的备用电源（见图4-8）。

自2020年7月以来，普锐斯PHEV全车标配外部供电功能，此功能在灾害发生时非常有用，太阳能充电系统为全等级选装设置。上图为2019年9月发生的15号台风导致千叶县大规模停电时电动汽车的供电情况，下图为普锐斯PHEV最新款车型
（来源：丰田汽车）

图 4-8　普锐斯 PHEV

### 3. PHEV 的缺点

1）充电耗时。例如普锐斯 PHEV 的情况，AC 200V 电压下充电需要 2h 20min。

2）充电桩少。实际情况中，电动汽车用充电桩数量很少，有时还需要排队使用。

3）车内空间稍窄。由于大容量电池占用了一定空间，所以车内将会略显狭窄。

### ▶▶ 4-3-2　FCEV

FCEV（Fuel Cell Electric Vehicle，燃料电池汽车）是指利用燃料

电池产生的电力驱动发动机行驶的电动汽车。燃料电池的燃料可以是氢或甲醇等，目前开发的主流是使用氢的氢燃料电池（见图4-9）。

丰田汽车的FCEV "MIRAI"（上图）及其燃料电池单元（中图）。此外，考虑到可能出现的燃料耗尽的状况，MIRAI提供了专用应用程序 "Pocket MIRAI"，可以通过智能手机查看全国加氢站的店铺信息和当前运转情况（下图）
（图片来源：丰田汽车）

图 4-9　丰田汽车的 FCEV

氢燃料电池运转时，排放的废物只有纯净的水，所以氢燃料电池不仅环保，甚至如果在像宇宙空间这样少水的地方，产生的水也可以饮用。

为了使氢燃料电池在汽车上良好运行，就必须建立一个系统，以便在任何时间、任何地点氢燃料电池汽车都可以根据需要获得氢燃料。

**1. 加氢站的建设计划**

氢燃料电池必须有氢气燃料才能运转，为了促进燃料电池汽车的普及，能为其补充氢气，应采取加氢站等基础设施的建设等普及推广政策。此外，2012年，丰田、戴姆勒、通用等全球11家大型汽车企业就统一氢气供应系统标准达成一致。

**2. 加氢站的问题**

加氢站可以看作是氢气版的加油站，是一个日常储存大量氢气，并为燃料电池汽车补给氢气的设施。氢气是易燃易爆炸气体，如果储存容器（储气罐）有裂痕将会非常危险。

氢气罐不能使用钢铁制作，因为氢脆现象会使得钢铁变脆，容易破损。因此，必须使用钢铁以外的材料，比如碳纤维之类的材料。

此外，考虑到使用的便利性，加氢站必须和现在的加油站一样，设置在街角热闹的地方。而居民能否欣然接受这样危险的设施，也是一个需要考虑的问题（见图4-10和图4-11）。

神奈川县、横滨市、川崎市、岩谷产业、东芝、丰田汽车、丰田自动织机、丰田涡轮和系统以及日本环境技术研究所正在开展一个示范项目，旨在共同构建低碳氢供应链模式。在这个项目中，在横滨市风力发电站（Hama Wing）内，利用风力发电电解水制造低碳氢气，并建设了储存和压缩氢气的系统。图片中分别为Hama Wing、氢气供应基地、氢气储存压缩装置
（图片来源：丰田汽车）

图 4-10　制造、储存和压缩氢气系统

这样制造的氢气通过简易氢气加注车运输，在横滨市内和川崎市内的蔬菜水果市场和工厂、仓库引进的燃料电池叉车上使用。据估算，这种供应链的构建与使用传统电动叉车和汽油叉车相比，可以减少80%以上的$CO_2$排放。上图为简易氢气加注车，下图为燃料电池叉车。燃料电池叉车加注氢气约3min可运行约8h（电池式叉车则需要充电6～8h）（图片来源：丰田汽车）

图 4-11　简易氢气加注车及燃料电池叉车

### ▶▶ 4-3-3　BEV

　　BEV（Battery Electric Vehicle，纯电动汽车）是指利用充到二次电池中的电能驱动电动机行驶的汽车，也称为电池电动汽车。由于这类汽车没有内燃机（发动机），所以可以称得上是行驶中不排放二氧化碳和氮氧化物的环保型汽车。

　　电池充电行驶的电动汽车，和蒸汽汽车、汽油机汽车一样，早就被开发出来了，但由于电池性能不佳，一直没有得到普及。现在电池的性能有了很大的改善，全固态电池也有了实用化的目标。另外，车身的结构也比发动机汽车更加简单，因此才加速了普及（见图4-12～图4-15）。

丰田汽车新款BEV"bZ4X"。这是与斯巴鲁共同开发的BEV，计划在2022年底之前开始在全球销售，照片是概念车
（图片来源：丰田汽车）

**图 4-12　丰田汽车新款 BEV**

沃尔沃汽车提出到2025年将其生产制造的每辆汽车的$CO_2$排放量减少40%的目标，该公司也于2021年在日本启动了旗下首款BEV"XC40 Recharge"（上图，下图为该车的充电电池组）的订单。据悉，沃尔沃取消了全车型中仅有的内燃机车型，全球销量的50%将是电动车，其余将是混合动力汽车
（图片来源：沃尔沃汽车）

**图 4-13　沃尔沃汽车首款 BEV**

极简图解全固态电池基本原理

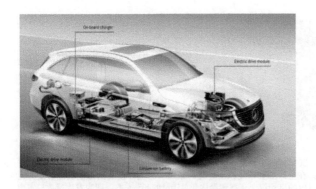

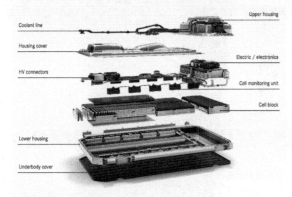

梅赛德斯-奔驰打造了全新电动汽车品牌Mercedes-EQ，作为其向BEV迈进的证明，并在2021年先后推出了EQC 400（上图，中图为其内部和电池单元）、EQA 250（下图）等新型车型
（图片来源：梅赛德斯-奔驰）

图 4-14　奔驰的全新电动汽车品牌 Mercedes-EQ

第 4 章　面向汽车的全固态电池的概要

2018年奥迪发布了电动汽车SUV车型Audi e-tron，其目标是到2025年在全球主要市场推出超过20款BEV车型，使包括插电式混合动力在内的电动汽车车型销量达到总销量的40%左右。图为首次投放日本市场的"Audi e-tron Sportback"（上图）及其充电系统（中、下图）（图片来源：奥迪日本）

图 4-15　奥迪的电动汽车 SUV 车型

极简图解全固态电池基本原理

# BEV 电池应满足的性能

BEV 有望成为未来电动车的主力，作为其动力源的电池也有一些需要满足的条件。目前公认最好的电池是锂离子二次电池，但由于锂离子二次电池存在潜在的火灾风险，所以为确保安全性，需要将其电解质从液体（电解液）替换为固体（固体电解质），即全固态电池（见图 4-16）。

大众在欧盟部署的第一款ID.3（上图）和第二款ID.4（中图）的BEV。该公司表示，到2025年为止，每年将销售150万辆EV，为此，该公司正在中国安徽省建设一座电池系统工厂，该工厂预计每年可生产15～18万个高压电池系统。下图为工厂完工效果图
（图片来源：大众汽车）

图 4-16　大众汽车生产的 BEV

## ▶▶ 4-4-1　高能量密度

固体电解质与目前锂离子二次电池使用的有机溶剂电解质相比，

第4章

具有更强的耐热性，并且不需要冷却结构。这意味着电池的质量密度和体积密度会变小，即电池有可能更小且更轻便。

### ▶▶ 4-4-2 高电动势

车载用的电池组需要数百伏的电压，而锂离子电池的电动势只有4V左右，这就要求液态体系中必须串联几十个电芯。在这种情况下，还需要同等数量的电槽，整个电池的体积、重量都相当庞大。而能量密度大意味着电池整体的体积、重量变小，对汽车来说是有利的。

此外，在全固态系统中，电极和固体电解质薄层交替层叠，也可以制作由多层直流结构的层叠结构构成的高电压电池。

这样可以减少活性材料以外材料的使用，并进一步提高电池的能量密度。还有，对于不易发生电化学分解反应的固体电解质，可以利用显示高电位的正极活性物质，这也为提高理论能量密度提供了空间。

### ▶▶ 4-4-3 高功率密度

固体电解质面临的最大挑战是输出性能的下降。通常情况下，离子在液体中的迁移率高于固体中的迁移率。因此在很多情况下，当电解质从液体变成固体时，电池的输出性能会大幅度降低。

但另一方面，全固态系统的输入和输出性能也具有比液态系统更大的潜力。在有机溶剂电解质中，电池工作时容易发生浓度极化，在大电流下驱动时，锂离子浓度的降低会引起电池反应速度变慢。

在固体电解质中，可能引起浓度变化的只有锂离子。负电荷固定在晶格骨架中，为了满足电中性，锂离子的浓度也很难发生变化。

此外，在有机溶剂电解质中，锂离子由溶剂分子配位，处于高度配位状态。因此，锂离子每次在层状结构的电极活性物质层之间进出，都需要一个溶剂脱离的过程。

在有机溶剂电解质系统中，这种脱溶剂化的能量较高，是决定电极反应速度的主导因素。而固体电解质没有脱溶剂化过程，因此，在电荷转移过程中的反应势垒在整个固体系统中可能更低。

## ▶▶ 4-4-4　快速充电

　　对于使用二次电池的汽车来说，重要的是充电时间要短。如果为了行驶一个小时而充电一个小时，那就太缺乏实用性了。快速充电是通过给电池施加 500V 以上的电压来进行充电，电池本身的能力能与之相适应是必备条件。虽然这只是在电池负荷最高的情况下才会发生的问题，但在实际应用中仍然应该保持谨慎的态度。

　　从一些由 EV 引起起火事故的报道来看，就可以知道这方面的质量尤为重要。今后，快速充电将实现更高电压、更大电流化，目前的研发正是着眼于此（见图 4-17）。

从2003年7月成立以来，特斯拉的人气车型Model 3（上图）在世界各地市场占有率持续增长。在日本，价格更便宜的标准版续航距离为448km，双电动机AWD的长续航版为580km。如果在特斯拉超级充电站充电30min，便可行驶270km（下图）。
（图片来源：维基百科）

图 4-17　特斯拉 Model 3 及其超级充电站

# BEV 电池应满足的其他条件

BEV 电池是一种用于电动汽车的电池。因此，也要求其具有与普通电池不同的能力。

## ▶▶ 4-5-1 安全性

现行锂离子二次电池使用酯和醚等有机溶剂。由于这种有机溶剂具有可燃性，所以必须注意避免火灾等危险。可以说，目前对全固态电池的需求正是由于锂离子二次电池使用过程中接二连三发生的火灾事故而产生的。全固态电池以及搭载该电池的 BEV 所面临的最大课题就是安全性（见图 4-18）。

韩国现代公司科纳EV因LG化学生产的电池制造不良引发多起火灾，在世界各国大规模召回产品
（图片来源：维基百科）

图为起亚SUV在北京市主干道发生火灾事故时的照片
（图片来源：Todd Lee/ZUMA Wire/共同通讯社图像）

图 4-18　电动汽车起火事故

由于车载用途和固定用途等场合中的电池大型化，以及随着可燃电解质的增加，散热性能也变得更差，容易导致电池温度升高，因此安全性变得越来越重要。为从根本上解决这些问题，以氧化物陶瓷类固体电解质为代表的不可燃物有望成为候选。

## ▶▶ 4-5-2　耐水性

全固态电池存在一个安全性方面的新问题。全固态电池分为氧化物类（陶瓷）和硫化物类。从安全性方面考虑，氧化物类的安全性较好，但是从电池性能上来说，硫化物类似乎更优越。

然而硫化物类存在安全隐患，那就是与水反应会产生剧毒的硫化氢（$H_2S$）气体。比如在温泉地带发生的接连不断的死亡事故，2007年前后发生的1000多起硫化氢自杀事故，以及在井口工事中发生的中毒事故等屡见不鲜。

这种危险不仅仅是使用时的问题，在研究、制造中也是如此。现场要求严格控制水分，使用干燥室等专用设备。由于密闭体系下可操作性很低，因此不适合量产。丰田致力于开发利用气流等，在开放系统下保持干燥状态，同时进行生产的开发工序。

## ▶▶ 4-5-3　成形性

虽然有一定的危险性，但从成形性来说，硫化物类比氧化物类（陶瓷）更有分量。硫化物类材料可以通过使用粉末材料的压粉成型工艺在常温下成型。与此相对，陶瓷类材料需要在1400℃左右的高温下烧制，在这种温度下，现行的电极材料会被破坏，或者变脆易受到物理刺激而破碎。

陶瓷虽然是一种坚固安全的材料，但很难摆脱高温成型的过程。

## ▶▶ 4-5-4　性价比

搭载全固态电池的汽车在出售时还面临着一个问题，即其价格。

一辆汽车，无论多环保、性能多好，如果价格昂贵，那么大家即使想拥有也会望而却步。

电池的价格会因能否量产而发生很大变化。现行锂离子二次电池刚上市时价格昂贵，后来经过不断改进，在能量密度提高的同时价格逐渐下降。

即使能制造出理想的全固态电池，如果价格比锂离子电池高出数倍，那么也很难为电动汽车普及做出贡献。我们的目标至少应该是在几年内，使其价格与现行的锂离子二次电池相当。

# 第 **5** 章

# 全固态电池发展现状

电动汽车开发的关键是全固态电池。全固态电池就是包括电解质在内的所有部分都是固态的，是目前性能最好且最安全的电池，但全固态电池的发展也面临着一些难题。现在，全固态电池虽然已可以用于实用，但在今后仍会不断进行改良。

# 堆积型和薄膜型

全固态电池分为普通块状的堆积型和薄层状结构的薄膜型电池。车载用电池中备受关注的是电容量大的堆积型电池，目前很多企业和研究团体正在为实现实用化进行着激烈的竞争。另一方面，薄且使用方便的薄膜型电池已经完成并投入使用。

## ▶▶ 5-1-1　堆积型全固态电池

堆积型全固态电池在结构上与普通锂离子电池相似，不同之处在于普通锂离子电池使用液体电解质，而堆积型全固态电池使用固体电解质。

因此，如第4章所述，开发具有高电导率的固体电解质，以及开发易于形成界面的固体电解质是堆积型电池实用化的关键。

## ▶▶ 5-1-2　薄膜型全固态电池

电池中的电极反应是在电极和电解质的界面上进行的。因此，为了提高全固态电池的性能，增加两者之间的接触面积是至关重要的。

薄膜型全固态电池是通过使用气相法（溅射法、真空蒸镀法、脉冲激光沉积法等）层叠薄膜而制成的。因此，电极层和电解质层的接触面积变大，对电池来说是一种很好的制作方法。薄膜型电池已经投入使用，实践证明电池在经过40000次循环的充放电后几乎不会产生容量劣化。这证明了全固态电池在本质上具有良好的循环寿命。

薄膜电池既薄又灵活，可以像纸张一样处理，预计今后将根据使用需求扩大其使用范围。

### ▶▶ 5-1-3 薄膜型层叠体

即使是超薄的纸张叠起来也会变厚，也就是说，如果把薄膜型的层叠起来，则也可以做成散装型。现在正在进行新的尝试，制作出的电池称为块状型电池（见图5-1）。但是，目前块状电池的电容量似乎不如原来的散装型。

日立造船正在开发的全固态电池(AS-LiB)。根据活用机械加工技术的独立制造方法，不再需要以前全固态锂离子电池充放电时必要的机械加压。日立造船宣布于2021年2月与JAXA签订了关于在太空中实现全固态电池实用化实验的共同研究合同，预计从2021年末开始在国际宇宙空间站(ISS)的日本实验楼"希望"中确认AS-LiB能否在严酷的环境下运行(2021年11月)
(图片来源：日立造船)

图 5-1 日立造船正在开发的全固态电池

# 碘锂电池

全固态电池的开发并不是近些年才兴起的，事实上，目前已经存在开发完全且完成商用的全固态电池。那就是 20 世纪 70 年代开发的用于心脏起搏器的碘锂电池。这是世界上第一款固态电池，下面就来详细了解一下它的来龙去脉。

## ▶▶ 5-2-1　汞电池

早期起搏器使用的电池是汞电池。这种电池在室温（20℃）下，自放电率为每年 7% 左右，假设使用 5 年的话，使用容量理论上为65%。但实际使用的起搏器中，使用寿命只有 2~3 年，原因是病人的体温会影响电池寿命。

一般来说，化学反应每升高 10℃，反应速度就会增加 1 倍。因此，在体温 37℃时，电池的自放电会比室温时增加约 3 倍，汞电池的自放电率会达到每年 20%，2~3 年间其容量就耗尽了。

## ▶▶ 5-2-2　碘锂电池

碘锂电池应运而生了。锂被认为是理想的电池活性材料，但由于它与电池电解液中的水会发生爆炸性反应，因此实际上人们对锂的使用较晚。碘锂电池发明于 1968 年的美国，当时使用的是完全不含水的固体电解质，并于 1974 年开始被用于起搏器中。

电池结构如图 5-2 所示。金属集电网的两侧压接负极的活性物质金属锂，正极是碘和聚-2-乙烯基吡啶的混合材料，经过 72h 加热熔化至 150℃，将其倒入负极周围，冷却成固体而成。这是一种只有负极-集电网-正极的很简单的结构。

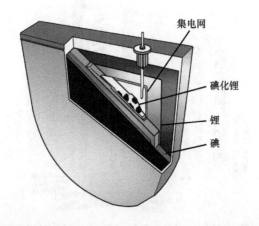

集电网

碘化锂

锂

碘

图 5-2　碘锂电池内部结构

### ▶▶ 5-2-3　发电机理

当溶解的碘与锂接触时，两者之间会生成结晶化的碘化锂（LiI）半导体层，其作为电解质发挥作用。碘化锂是由电池放电产生的，随着不断放电，厚度不断增加。

电池的内阻随着放电而增加，从未使用状态的约 $100\Omega$ 增加到末期超过 $10k\Omega$。因此，可以获取的电流最多只有 $0.1mA$ 左右，作为电池可以说是微乎其微的。

该电池的单体电压为 $2.8V$，在体温下自放电也极小，每年仅为 $0.2\%$，后来几乎所有的起搏器厂家都采用该电池（见图 5-3）。

### ▶▶ 5-2-4　自修复性

电池的自修复性证明了碘锂电池的高可靠性。一般来说，电池会出现的问题是放电析出的金属在含有电解液的多孔隔膜的孔中生长，导致正负极之间短路，这可能会导致电池发热，甚至爆炸。

Electrochem（格雷特巴奇）公司是由美国发明家威尔逊·格雷特巴奇创立的公司，首次在植入式心脏起搏器中采用碘锂电池。这大幅度提高了起搏器的寿命和安全性

图 5-3　工业设备和医疗设备用碘锂电池

　　但是对碘锂电池来说，假如电解质出现了一个孔，正负极短路，通过其中的电流就会生成碘化锂把孔堵住。这就是所谓的自修复性，从而避免了穿孔的情况，并且构造简单，从而确保了电池的高可靠性（见图 5-4）。

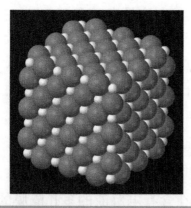

碘化锂的3D结构。碘锂电池因没有隔膜而被称为安全电池，可用作心脏起搏器（图片来源：维基百科）

图 5-4　心脏起搏器用碘锂电池

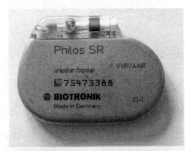

心脏起搏器示例和植入起搏
器后的后胸部X光片。通常
右心房（白色箭头）和右
心室（黑色箭头）有导线
（图片来源：维基百科）

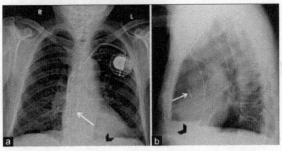

图 5-4　心脏起搏器用碘锂电池（续）

## 5-3

# 硫化物全固态电池

正如前面章节所述，固体电解质已经开发出各种类型，其中备受期待的是硫化物体系和氧化物体系。由于硫化物更容易用于制造大功率电池，所以面向电动汽车开发的主要是硫化物体系的电池。下面就来看看硫化物固体电解质的特点和制备方法。

### ▶▶ 5-3-1 硫化物全固态电池的特点

硫化物固体电解质因其在高压下具有阻燃性和稳定性而受到关注。除此之外它还具有一个优点，即制造方法是混合加压方法，可以在低温下成型。

与此同时，硫化物固体电解质也面临三个主要挑战。

1）硫化物固体电解质与水分的反应会产生剧毒气体硫化氢（$H_2S$）；

2）由于粉末之间的接触黏结，使得界面电阻增加，输出功率降低；

3）由于活性物质/固体电解质界面上的化学反应等形成异相，使得锂离子传导受阻。

为了克服这些挑战，人们从固体电解质材料的探索到制造方法的开发等方面，都在进行积极的研究。

### ▶▶ 5-3-2 压粉成型法

硫化物全固态电池采用压粉成型法，即通过给粉末原料加压成型。压粉成型法的优点是可以用相对少量的粉末进行评价，特别适用于活性物质和固体电解质的材料评价。下面通过研究室的实验规模来看一下具体方法。

**1. 原料混合物的制作**

1) 硫化物固体电解质的原料是用球磨机将 $Li_2S$ 和 $P_2S_5$ 进行机械铣削处理合成的，可以通过改变机械铣削过程的条件来控制粒径大小。

2) 硫化物固体电解质容易与大气中的微量水分反应产生硫化氢，因此实验时应使用能维持极低露点（−80℃以下）的手套箱。

**2. 硫化物固体电解质的制作**

1) 将原料混合物投入成型筒内，通过手压机加压。

2) 正极层由正极活性物质、导电助剂、硫化物固体电解质干法混合，再注入硫化物固体电解质层加压而成。

3) 对极使用 In-Li 合金。

4) 将硫化物电解质和正负两种电解以一定负荷约束，封入密闭容器中就完成了（见图5-5）。

麦克赛尔于2021年9月宣布，将于同年11月上市采用硫化物固体电解质，专门用于高电压、高功率的纽扣全固态电池。2020年9月发表了纽扣型全固态电池，与此相对，电压实现了约为原来2倍的5V，输出实现了约为原来5倍。照片是开发电池的样品图

（图片来源：麦克赛尔控股公司）

图 5-5 纽扣型全固态电池

## 5-4

# 氧化物全固态电池

下面来看看氧化物全固态电池的特点。

### ▶▶ 5-4-1 氧化物全固态电池的优点

氧化物全固态电池的第一个特点就是安全，此外，它还有以下优点：

1）氧化物固体电解质材料的耐热性强，利用该性质，在组装电子产品时，将半导体等材料一次性焊接到印制电路板上的工序中，可以同时实现电池的安装。这将大大简化电池的组装工作，降低组装成本。

2）此外，可以将小电池安装在印制电路板的缝隙和空隙中，实现无浪费安装，有助于设备的小型化和提高设计的自由度，即更容易实现可穿戴设备所要求的设计性和美观性。

### ▶▶ 5-4-2 电池性能和材料

在二次电池中，能量密度、功率密度、寿命和输出电压通常取决于所使用的电极材料的物理性能。为了制造更高性能的二次电池，选择能够实现所需特性的电极材料是至关重要的。但实际上，例如电解质，它与其他构件有一定的相容性，其实很难自由选择。

然而，由于氧化物体系的固体电解质在化学上是稳定的，因此可以相对自由地选择与用途相应的电极材料。当未知的优良电极材料出现时，这一特点也是相对容易应对的优势。

### ▶▶ 5-4-3 能量密度

如果将来有进一步小型化的要求，那么即使是现在的锂离子二次电池，也无法保证有足够的能量密度。因此需要改善电极材料，并采用小型且能储存更多电力的二次电池。届时，如果能建立与氧化物型全固态电池相关的技术，则有望使新的电极材料早日实用化。

到目前为止，氧化物型电解质很难提高能量密度。虽然氧化物型全固态电池具有安全性等各种优点，但目前也有缺点，那就是能量密度很难提高。其原因是陶瓷是将坚硬的陶瓷微细粒子成形为黏土状，并将其烧结制作成固体电解质。

## ▶▶ 5-4-4 改良方法

为了提高能量密度，可以采取以下措施：

1）使固体电解质内部的电荷移动顺畅；

2）电极与固体电解质紧密接触，便于电荷的传递。

无论哪种改良方法，在材料开发的同时，成形、烧结的工艺开发都是重点。硬的粒子在烧结时，固体电解质表面细小的凹凸无法与电极紧密接触。与此相对，硫化物系材料具有柔软的机械性质，所以容易与电极紧密接触。

考虑到这种情况，希望陶瓷具有低温成形特性和柔软材质。这样的话，就需要陶瓷具有与原来的完全不同的特征。

# 便携性

对手机等经常带在身上使用的便携设备而言，所需的首要功能的便是安全性。

## ▶▶ 5-5-1 氧化物和硫化物体系

为了实现设备的安全及便携性，需要对目前的锂离子二次电池进行更大的改进。全固态电池作为满足这些要求的技术而备受期待。如果将导致锂离子二次电池安全性下降的易燃液体电解质和隔膜转换为稳定的、不可燃烧的固体电解质，则可以大幅度提高安全性。

对于便携式设备，全固态电池中安全性极高的氧化物全固态电池是最适合的。不管是硫化物还是氧化物，与目前的锂离子二次电池相比，安全性都大幅度提高。但是，硫化物类固体电解质在破损时如果接触到空气中的水分，就有可能产生剧毒的硫化氢气体。

这样一来，即使不用于电动汽车的车舱空间中，对于人们直接接触的便携设备来说也是危险的。因此，在需要确保安全的应用中，氧化物全固态电池的应用越来越多。

然而，便携设备需要能够通过获取、处理和通信等功能反映用户活动和健康状况的数据，并进一步输出信息。为了满足这一要求，电池需要长时间使用的持久力，以及能够应对突发性高负荷处理的爆发力。为此，提高氧化物全固态电池能量密度等课题也是有待研究的（见图5-6）。

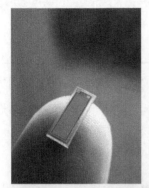

2019年4月，英国Ilika发布了面向医用植入设备的全固态电池"Stereax M50"（上图）。Stereax M50具有最长为10年的长寿命和低泄漏电流的特征，因此适合医用植入设备。同时，该公司还将面向智能家居和智慧城市、产业用IoT机器、BEV等领域部署Stereax。下图为产品集成时的图像

（图片来源：Ilika）

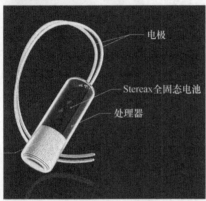

电极

Stereax全固态电池

处理器

图 5-6　英国 Ilika 全固态电池

# 全固态电池的潜力

对于全固态电池，可以考虑与至今为止的电池完全不同的使用方法。另外，电解质自不必说，电极材料也还有探索和选择的可能性。全固态电池还将有怎样的未来呢？（见图5-7）

宝马和福特投资的电池开发企业Solid Power为两家公司制造的20A·h全固态电池（上图）。为准备2022年固态电池试点生产，Solid Power正在扩建其位于科罗拉多州的工厂（下图）
（图片来源：Solid Power SNS）

图 5-7　Solid Power 开发的全固态电池及其工厂

## ▶▶ 5-6-1　电解质组合

全固态电池的关键点是电解质为固态。利用这一点，就可以区分如何使用各种电解质。这意味着，通过组合不同的固体电解质，可以设计出多样化的全固态电池。这对于使用液体电解质的电池来说是不可能做到的。

### ▶▶ 5-6-2　体积变化

全固态电池根据温度和运转状况不同，体积可能会有较大的膨胀和收缩。如果将全固态电池作为部件组装到集成设备中，则可能对其他部件产生物理刺激，并可能导致故障。

虽然这不是一个很大的问题，但也是必须解决的。

### ▶▶ 5-6-3　材料探索

寻找在全固态电池中使用的能提升性能的材料。有很多材料可供电池使用，加上这些组合，再加上配比的变化，可以说可能的组合数是无限的，而这是不可能通过实验来确定的。

我们将需要用到所谓的材料信息学（Materialities Informatics，MI），即应用机器学习进行材料搜索。

### ▶▶ 5-6-4　具有储存功能的太阳能电池

全固态电池作为蓄电池的功能也值得期待。太阳能电池的发电量受天气影响，需要能储存电力的蓄电池（蓄电系统），万一停电时，可以通过蓄电池发电提供电力。

太阳能电池是一种典型的全固态电池，近年来与晶体硅太阳能电池相比，太阳能电池可以吸收更多的光，薄膜化的非晶硅太阳能电池也越来越多。在屋顶安装太阳能电池时，又薄又轻的装置对房子本身的压力也会减少（见图5-8）。

另外，如果把这两者结合在一起会怎样？可蓄电的太阳能电池的用途将会更广。

### ▶▶ 5-6-5　全固态电池技术的发展

在碘锂全固态电池被用于起搏器之后，固态电池的开发并没有取得重大进展，电池的电解质一直保持液体电解质的状态。

屋顶用的太阳能电池也越来越轻薄，随着非晶薄膜太阳能电池的出现，房子本身的负担比以前少很多。图为过去常见的屋顶用太阳能电池和近年来注重外观的屋顶用太阳能电池的示例

如果家里有太阳能电池和蓄电系统，就可以提供家里的电力，剩余的电力也可以用于销售。另外，万一发生自然灾害导致的停电时，也可以通过蓄电系统提供电力

图 5-8　屋顶太阳能电池和家用蓄电系统

但是，在日本随着固体电解质的不断研究，固态电池终于取得了突破。进入 21 世纪后，硫化物和氧化物界面控制的方法被发现。并且在 2011 年发现了超离子导电性材料，实验表明其电导率不输于电解液。

这两个突破使得固态电池再次受到关注。在实验室研究层面，硫化物固态电池已经超过了目前锂离子电池的性能。

在这之后，世界各地的研究人员会聚集到该领域，像当初研发锂离子电池时一样。

# 第 **6** 章

# 化学电池的原理和结构

　　化学电池发明于 1800 年，是一种将金属发生化学反应产生的能量转化为电能的装置，现在仍是电池的主流。电池除了化学电池以外，还有通过完全不同的原理发电的，比如太阳能电池。

# 6-1

## 电流和电子

通过前 5 章的介绍，我们已经了解到目前最先进的电池，即全固态电池的基本情况，包括全固态电池以何种原理工作，与以往的电池有何不同，其结构如何，优缺点有哪些等问题。相信读者们已对其应用场景及今后需要改良的地方有一定的认识了。

### ▶▶ 6-1-1　什么是电

或许有些读者还会存有疑问，例如"电池为什么会发电?""为什么像干电池这样的圆柱形物体能使手电筒发亮?""电池既不会动又没有变少，为什么会产生能量驱动马达转动?""新买的电池和用完的电池有什么区别呢?"

抑或是更基础的问题，比如"什么是电呢?""看不见的电是什么样的呢?"

本章将对这些问题进行解释。

### ▶▶ 6-1-2　原子由带"−"的电子和带"+"的原子核构成

高中化学课程曾经讲过，所有的物质都是由原子这种极小的粒子组成的。原子的中心是一个非常小且重（密度很大）的原子核，被包围在由数个电子（符号 e）构成的球状电子云中。

电子也是粒子，一个电子带有−e 的电荷。而一个原子核由数个质子（符号 p）和数个中子（n）组成。一个质子具有+e 的电荷，而中子是中性的，不带电荷。

在原子中，构成原子核的质子的个数（假设 $z$ 个）和组成电子云的电子的个数是相等的。也就是说，一个原子具有 $z$ 个质子和 $z$ 个电子，电子云中的电荷（−z）和原子核中的电荷（+z）相互抵消，原子呈电中性（见图6-1）。

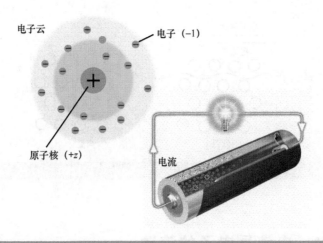

电子云

电子（−1）

原子核（+z）

电流

图 6-1　原子和电流

### ⏩ 6-1-3　金属键是静电引力

电子并不总是围绕着原子核。如果条件允许的话，它们会脱离原子核的束缚，被其他原子吸引。

金属原子的电子非常自由，经常脱离（自己的）原子核到处移动，这样的电子叫作自由电子。

图6-2所示为固体金属（金属晶体）示意图。金属原子 $M$ 中有若干个电子，其中有几个电子（假设 $n$ 个）被称为价电子，价电子非常活泼，是自由电子。如果价电子脱离原子的束缚，即金属原子 $M$ 释放 $n$ 个电子，就形成了金属离子 $M^{n+}$。

在金属原子的三维结构中，这些金属离子有序地堆叠在一起，自由电子在离子间隙中移动。金属离子带正电，电子带负电，金属离子和自由电子之间产生静电引力，这种引力就是金属键。也就是说，在金属中，正电性的金属离子和负电性的电子就像是被涂了胶水一样结合在一起。

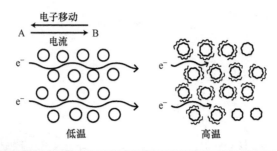

图 6-2　固体金属（金属晶体）示意图

　　假设有这样一块金属，一端 A 为+，另一端 B 为−，电子被电荷吸引，会从 B 移动到 A，这种电子转移就是电流。电子的移动方向与电流的方向相反，所以，当电子从 B 端移动到 A 端时，电流从 A 流向 B。

　　明白了这一点，就可以具体了解电导率了。自由电子容易移动，则电导率高；反之，如果自由电子不易移动，则电导率低。

　　自由电子要想在金属中移动，就必须从金属离子旁边经过。而金属离子会产生热振动，温度越高热振动越剧烈。也就是说，高温下电子会受到金属离子振动的影响而移动困难，从而导致电导率下降。

　　很多金属在绝对温度（数 K）的极低温条件下，电导率无限变大，也就是达到了电阻=0 的状态，即超导状态，原因是没有受到金属热振动的影响（见图 6-3）。

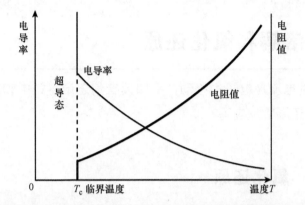

图 6-3　金属电导率和温度的关系

# 金属的溶解和氧化还原

6-1 节讲到电流是电子的移动，不知读者们还记得初中和高中化学课上学过的"氧化还原"反应吗？

## ▶▶ 6-2-1　氧化还原

我们在中学时都学过，氧化还原是氧原子的交换。比如说，当 A 物质与氧原子结合为 AO 时，我们就说 A 被氧化了，而当 AO 失去氧原子成为 A 时，我们就说 AO 被还原了。

但更严格来说，氧化还原其实是电子的交换。当 A 失去电子变成阳离子 $A^+$ 时，A 被氧化了。与反应式①相反，如果 A 接受电子成为阴离子 $A^-$，我们就说 A 被还原了，即反应式②。

因此，在反应式③中，A 被氧化，而 B 被还原。从这个角度来看，电化学（反应）与氧化还原反应关系密切，所以电池科学也可以说是化学的一个领域。

## ▶▶ 6-2-2　金属的溶解

很多金属可溶于酸，这种金属溶于酸的现象对于电池来说非常重要，它是制作电池的基础化学反应。

将金属锌（Zn）板放入稀硫酸中会发热，锌板表面会产生气泡，同时锌板慢慢融化变小。点燃收集的气体，可发出爆鸣声并燃烧，由此可知产生的气体是氢气（$H_2$）。

这是由于锌释放出电子（$e^-$），形成锌离子（$Zn^{2+}$）并溶解在稀硫酸中（反应式④）。稀硫酸是酸溶液，溶液中存在氢离子（$H^+$）（反应式⑤）。$H^+$ 与 Zn 失去的 $e^-$ 反应为氢原子（H）（反应式⑥），两个氢原子结合为氢气分子（$H_2$）并产生气泡（反应式⑦）。

$$A-e^- \xrightarrow{\text{A 被氧化}} A^+ \qquad \text{①}$$

$$A+e^- \xrightarrow{\text{A 被还原}} A^- \qquad \text{②}$$

$$A+B \longrightarrow A^+ + B^- \qquad \text{③}$$

以上三个反应式总反应式即为反应式⑧。可以看到这一系列的反应是锌（Zn）和氢离子（$H^+$）反应生成锌离子（$Zn^{2+}$）和氢气（$H_2$）。根据氧化还原的定义，在这个反应中，Zn 失去电子变成 $Zn^{2+}$，即 Zn 被氧化，而 $H^+$ 得到电子被还原。也就是说，金属的溶解是一种氧化还原反应，溶解的金属（Zn）被氧化。

$$Zn \longrightarrow Zn^{2+} + e^- \qquad \text{④}$$

$$H_2SO_4 \longrightarrow 2H^+ + SO_4^{2-} \qquad \text{⑤}$$

$$H^+ + e^- \longrightarrow H \qquad \text{⑥}$$

$$2H \longrightarrow H_2 \qquad \text{⑦}$$

$$Zn + 2H^+ \longrightarrow Zn^{2+} + H_2 \qquad \text{⑧}$$

## ▶▶ 6-2-3　电离和金属化

从而可知，金属具有失去电子成为阳离子的性质，这种性质因金属不同而有强弱。

将锌板（Zn）放入蓝色硫酸铜（$CuSO_4$）的水溶液中，锌也会发热溶解，但是却不产生气泡。取而代之的是，锌板表面会慢慢变红，且随着时间的推移，硫酸铜水溶液的蓝色会越来越浅。

这个反应又是怎么回事呢？Zn 溶解意味着 Zn 失去电子 $e^-$ 变成 $Zn^{2+}$，但却没有产生气体，也就是说 $H^+$ 没有得到 Zn 失去的电子 $e^-$。因为硫酸铜不是酸，其溶液中几乎不存在 $H^+$。那么电子 $e^-$ 去哪里了呢？硫酸铜溶液中存在铜离子（$Cu^{2+}$），溶液的蓝色就是 $Cu^{2+}$ 的颜色。当 $Cu^{2+}$ 得到电子后被还原为红色的金属铜 Cu。锌板上的红色就是金属铜的颜色，也就是铜离子被金属化了。

## ▶▶ 6-2-4　电离势

在上面的反应中，Zn 被电离成了 $Zn^{2+}$，而 $Cu^{2+}$ 被还原成了 Cu。这表明，Zn 和 Cu 相比，Zn 成为离子的能力更强，这种容易成为离子的性质被称为电离势。

如果使用不同金属板和金属的硫酸盐溶液进行这样的实验，就可以比较出金属之间电离势的大小。如图 6-4 所示，将金属按电离势排列即为电离序列，左侧的金属容易电离，即表示其电离势较大。金（Au）不易溶解，电离势最低。氢（H）虽然不是金属，但是在这里可以作为参考标准。

电离序列不是绝对的，电离势会随着溶液浓度而变化，但这个序列依然可以作为参考。

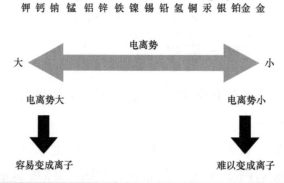

图 6-4　电离序列

# 6-3

## 溶解过程的能量变化

发生化学反应就是物质发生了变化，比如说，木炭（C）燃烧（氧化），即与氧气（O$_2$）反应，就会产生二氧化碳（CO$_2$）。这个反应表示为化学式①。

### ▶▶ 6-3-1　木炭燃烧产生的物质

然而，木炭燃烧产生的远不止有二氧化碳，燃烧会发热，也会发光。空气发热，气流上升，从而形成风。木炭中的水分蒸发变成水蒸气，木炭体积增大而裂开，发出噼里啪啦的声音。

化学式①中虽然没有涉及这些现象，但热和光是能量。也就是说，木炭燃烧不仅生成了二氧化碳，同时还产生了能量，表示为化学式②。

$$C+O_2 \longrightarrow CO_2 \tag{①}$$
$$C+O_2 \longrightarrow CO_2+能量 \tag{②}$$

化学式②通常叫作热化学方程式，这里的能量称为反应能（燃烧热）。

### ▶▶ 6-3-2　物质的内能和反应能

根据爱因斯坦的相对论，质量 $m$ 和能量 $E$ 成正比，即两者通过光速 $c$ 构成如反应式③的关系。

$$E=mc^2 \tag{③}$$

物质所具有的能量中，除重心转移所产生的能量外，其他所有能量都被称为物质的内能。内能有很多种，包括原子的键能、键的伸缩振动能，甚至原子核能，我们不知道它的总量，但可以知道它的变化量。比如，木炭（C）和氧气（O$_2$）反应成为二氧化碳（CO$_2$）时产生了能量，C 和 $O_2$ 所具有的内部能量之和与 $CO_2$ 所具有的内部能量之间存在差值，这个能量差即是反应能（燃烧热）。

如图 6-5 所示，纵轴表示能量，横轴是表示反应进程的时间轴。比较木炭燃烧反应时的反应物（$C+O_2$）和生成物（$CO_2$）的内能，反应物的内能高出 $\Delta E$，这个 $\Delta E$ 就是反应发生时放出的反应能。

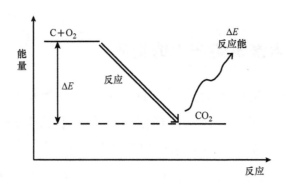

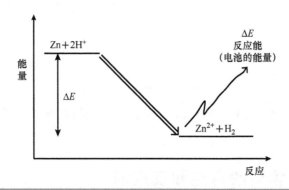

图 6-5　内能和反应能

### 6-3-3　金属溶解产生的能量变化

那么，前面讲到的锌与稀硫酸反应生成锌离子，同时产生氢气并发热的反应该如何理解呢？其实这也和木炭燃烧相同。

如果反应产生了热，就说明这个反应是放热反应，这意味着生成物比反应物的能量低。

反应式如 6-2-2 节中⑧所示，反应物为"Zn＋2H$^+$"，生成物为"Zn$^{2+}$＋H$_2$"，反应放出能量 $\Delta E$。详细来说，还包括 Zn 结晶破坏的能量及 Zn$^{2+}$和 H$^+$的溶剂化能，粗略表示为反应式⑧两边的能量差。

这个能量其实就是电池的能量。

# 6-4

## 人类第一块化学电池：伏特电池

人类第一块电池来自 1800 年伏特的实验，这种电池是非常原理性的东西，直到现在仍然被认为是电池的基础。

### ▶▶ 6-4-1 伏特电池的原理

金属溶于酸性水溶液，并在溶解时电离，将电子释放到溶液中。这些电子通过电线流向外部形成电流，这是电池的基本原理。

1800 年，意大利物理学家亚历山德罗·伏特发明出世界上第一块电池，人们为纪念他，将这个电池命名为伏特电池（见图 6-6）。伏特电池实用性虽不强，但却是一种非常有原理性的电池。

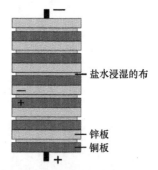

图为使用铜和锌的伏特电池工作原理
（图片来源：维基百科）

盐水浸湿的布

锌板
铜板

图 6-6 伏特电池

伏特电池结构简单，将锌（Zn）和铜（Cu）板放入硫酸（$H_2SO_4$）水溶液中，用导线将两者连接起来。当反应发生时，Zn 溶解，同时 Cu 上产生氢气气泡。如果在导线中间连接一个电动机，那么电动机就会旋转。

伏特电池发生的化学反应是这样的：

1）Zn 失去 $e^-$ 溶解为 $Zn^{2+}$（反应式①）；

2）Zn 板上的 $e^-$ 通过导线移动到 Cu；

3）到达 Cu 的 $e^-$ 向溶液中的 $H^+$ 移动；

4）$H^+$ 获得 $e^-$ 成为 H，生成 $H_2$（反应式②）；

5）反应式①与②合为反应式③。

以下就是伏特电池的反应和原理。

$$Zn \longrightarrow Zn^{2+}+2e^- \qquad ①$$

$$2e^-+2H^+ \longrightarrow H_2 \qquad ②$$

$$Zn+2H^+ \longrightarrow Zn^{2+}+H_2 \qquad ③$$

正如之前所讲，电流是电子的流动形成的。如上述反应式②所示，电子从 Zn 移动到 Cu 形成电流，但电流的定义是电流从 Cu 流向 Zn。此时，产生电子的 Zn 称为负极，得到电子的 Cu 称为正极（见图 6-7）。

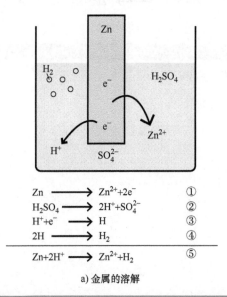

| $Zn \longrightarrow Zn^{2+}+2e^-$ | ① |
| $H_2SO_4 \longrightarrow 2H^++SO_4^{2-}$ | ② |
| $H^++e^- \longrightarrow H$ | ③ |
| $2H \longrightarrow H_2$ | ④ |
| $Zn+2H^+ \longrightarrow Zn^{2+}+H_2$ | ⑤ |

a) 金属的溶解

图 6-7 伏特电池的反应原理

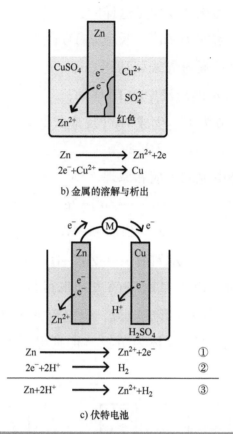

$$Zn \longrightarrow Zn^{2+}+2e$$
$$2e^- + Cu^{2+} \longrightarrow Cu$$

b) 金属的溶解与析出

$$Zn \longrightarrow Zn^{2+}+2e^- \qquad ①$$
$$2e^- + 2H^+ \longrightarrow H_2 \qquad ②$$
$$Zn + 2H^+ \longrightarrow Zn^{2+} + H_2 \qquad ③$$

c) 伏特电池

图 6-7 伏特电池的反应原理 （续）

# 干电池的原理和结构

伏特电池使用硫酸水溶液作为离子移动的介质，即电解质，从这点上看，伏特电池属于液态电池。然而，运输和使用液态电池都很不方便，所以人们希望电池的电解质能使用固体的，干电池由此应运而生。

## ▶▶ 6-5-1　锰干电池

干电池基本上与伏特电池一样。唯一不同的地方在于"干"，伏特电池中能够使电子移动的液体称作电解液，而干电池不是液体的。也就是说，能够使电子移动的不一定是液体。

从这个观点出发，日本的屋井先藏在 1864 年发明了干电池。但由于当时没有申请此专利，因此，世界公认范围内，干电池是由德国的卡尔·加斯纳和丹麦的海伦森于 1888 年发明的。

锰干电池的结构如图 6-8 所示。锌 Zn 用作负极，二氧化锰 $MnO_2$ 用作正极。化学反应如图中①和②所示，在负极 Zn 失去电子，成为 $Zn^{2+}$ ①，而在正极，$MnO_2$ 的四价锰离子（$Mn^{4+}$）得到电子还原为 $MnO(OH)$（$Mn^{3+}$）②。也就是说锌从 Zn 氧化为 $Zn^{2+}$，锰从 $Mn^{4+}$ 还原为 $Mn^{3+}$。

电解质为二氧化锰粉末和电解液氯化铵（$NH_4Cl$）水溶液或氯化锌（$ZnCl_2$）水溶液混合制成的膏状物，其电动势为 1.5V。

干电池乍一看是固态的，但其实电解质中仍然使用了水溶液，所以它并不是全固态电池。

## ▶▶ 6-5-2　碱锰干电池

碱锰干电池的电解质中使用碱性氢氧化钠（$NaOH$）水溶液，提高了输出功率。负极不是锌板，而是含有锌的混合物，集电棒就是正极（见图6-9）。

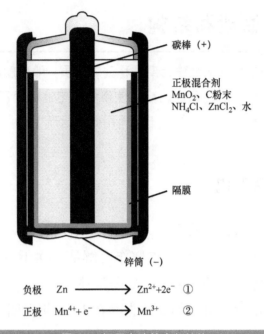

碳棒（+）

正极混合剂
$MnO_2$、C粉末
$NH_4Cl$、$ZnCl_2$、水

隔膜

锌筒（-）

负极　　$Zn \longrightarrow Zn^{2+}+2e^-$　①

正极　　$Mn^{4+}+e^- \longrightarrow Mn^{3+}$　②

图6-8　锰干电池的内部结构

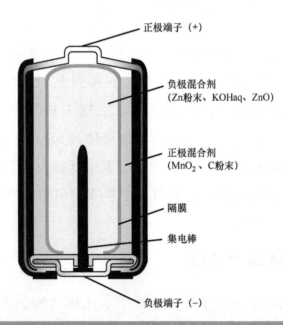

正极端子（+）

负极混合剂
（Zn粉末、KOHaq、ZnO）

正极混合剂
（$MnO_2$、C粉末）

隔膜

集电棒

负极端子（-）

图6-9　碱锰干电池的内部结构

极简图解全固态电池基本原理

碱锰电池的发电机理与锰干电池完全相同，电动势也与锰干电池相同，同为 1.5V。

　　一般认为，在需要大功率的情况下应使用碱性干电池，小功率的情况下使用普通的锰电池比较好。

# 其他干电池

家庭用小型家电使用的几乎都是纽扣电池，下面来看看纽扣电池的构造吧！

## ▶▶ 6-6-1　纽扣电池的种类和构造

现代生活离不开干电池，日常生活中使用的电器都在朝着小型、精密化的方向发展，纽扣电池是为了满足日常使用而出现的（见图 6-10）。纽扣电池是干电池的一种，它的种类很多。表 6-1 总结了其主要构造和性能。

上图是俄罗斯产的汞电池，中图是手表中使用的氧化银电池，下图是助听器中使用的锌空气电池
（上、下图片来源：维基百科）

图 6-10　纽扣电池及用途

表 6-1　干电池的构造和性能

| 名称 | 负极 | 正极 | 电解液 | 额定电压/V |
|------|------|------|--------|-----------|
| 锂氟化碳电池 | 锂 | 氟化碳 | 非水有机电解液 | 3.0 |
| 二氧化锰锂电池 | 锂 | 二氧化锰 | 非水有机电解液 | 3.0 |
| 氧化铜锂电池 | 锂 | 氧化铜（Ⅱ） | 非水有机电解液 | 1.5 |
| 碱性电池 | 锂 | 二氧化锰 | 碱性水溶液 | 1.5 |
| 汞电池 | 锌 | 氧化汞（Ⅱ） | 氧化锌的氢氧化钾溶液 | 1.35 |
| 锌空气电池 | 锌 | 氧气 | 碱性水溶液 | 1.4 |
| 氧化银电池 | 锌 | 氧化银 | 碱性水溶液 | 1.55 |

负极有锂（Li）和锌，正极有锰、银（Ag）、铜、石墨（C）和氧。电解液的种类也很多，有碱性水溶液和有机电解液。同时，电动势在 1.35~3.0 V 范围不等。

## 6-6-2　锂一次电池

锂一次电池是一种非常优异的电池，它在高电压下可以获得更多的电力，而且续航时间更长。形状有硬币形、圆柱形、销形等多种，圆柱形多被用于计算机的重要部分，例如用于备份计算机和视频的内存（见图 6-11）。

硬币形常用于相机、手表等，小型的销形多用于夜钓电浮。像纸一样薄的纸质锂电池可用于存储卡和 IC 卡。该电池寿命很长，理论上能使用 5~10 年。

锂一次电池内部结构如图 6-12 所示。正如其名，锂用作负极，锂具有很强的释放电子成为阳离子的性质，因此是负极材料的最佳选择。接受电子的正极材料是二氧化锰 $MnO_2$，与锰电池相同。四价锰离子 $Mn^{4+}$ 接受电子变成三价锰离子 $Mn^{3+}$。

锂一次电池示例。虽然最常见的是硬币形，但圆筒形和销形也被广泛应用
（图片来源：维基百科）

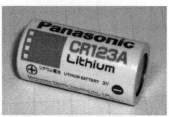

图 6-11　锂一次电池外形图

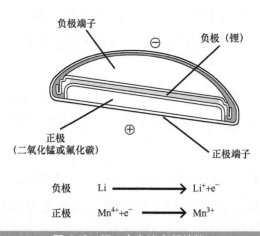

负极端子

负极（锂）

正极
（二氧化锰或氟化碳）

正极端子

负极　　Li $\longrightarrow$ Li$^+$+e$^-$

正极　　Mn$^{4+}$+e$^-$ $\longrightarrow$ Mn$^{3+}$

图 6-12　锂一次电池内部结构

极简图解全固态电池基本原理

### 6-6-3 氧化银电池

　　氧化银电池的特点是电压恒定，直到使用寿命结束几乎都可以保持最初的电压。因此，它常被用于敏感的电子设备，如相机曝光计和石英钟。

　　氧化银电池的内部结构如图 6-13 所示。锌作负极，氧化银（AgO）作正极，二价银得到电子被还原为一价状态。

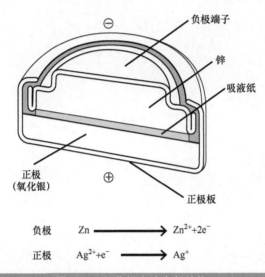

负极　　　$Zn \longrightarrow Zn^{2+}+2e^-$

正极　　　$Ag^{2+}+e^- \longrightarrow Ag^+$

图 6-13　氧化银电池内部结构

# 第 **7** 章

# 二次电池的原理和结构

电池分为一次电池和二次电池，前者不能充电，譬如干电池，后者可以充电重复使用，譬如铅酸蓄电池和锂离子二次电池那样。那么两者的区别在哪里呢？本章就来看看二次电池充电的原理和结构。

# 一次电池和二次电池

对于化学反应 A→B，不仅仅是反应物 A 变成生成物 B 这么简单。化学反应的变化有两个方面，一方面是物质的变化，另一方面是能量的变化，就像木炭（C）燃烧生成二氧化碳（$CO_2$）的同时伴随着发光发热这些能量的释放一样。

## ▶▶ 7-1-1  一次电池

化学电池是一种将化学反应产生的化学反应能转化为电能（放电）的装置。当反应物全部变成生成物时，不再产生能量，电池的寿命也结束了。

当反应物 A 反应完全即表示电池用完，这样的电池一般称为一次电池。第 6 章讲到的伏特电池和干电池都属于一次电池。

## ▶▶ 7-1-2  二次电池

然而，在电池中有一种电池，通过从外部给电池施加与放电时相反方向的电流（充电），可以将产生的生成物 B 恢复成反应物 A，也就是电池可"再生"。重新生成的反应物 A 又可以再反应生成 B，同时又一次放电。

像这样，通过反复充电又可以进行多次放电的电池一般称为二次电池。由于二次电池可以通过充电将电力储存在电池中而又被称作蓄电池、电瓶或充电电池等（见图 7-1）。

## ▶▶ 7-1-3  二次电池的种类和特点

历史悠久的铅蓄电池（汽车电瓶）、家电中经常使用的镍镉二次电池（镍镉电池）和近年来的锂离子二次电池等都属于二次电池。

表 7-1 总结了主要的二次电池的电极材料、电压、特点及主要用途等。

二次电池可以反复充放电，不论是智能手机、汽车，还是紧急用便携式充电器都离不开它，已经成为现代生活中不可或缺的一部分

图 7-1　二次电池使用场景

表 7-1　二次电池的电极材料、电压、特点及主要用途

| 名称 | 正极 | 负极 | 电压 | 特点和主要用途 |
| --- | --- | --- | --- | --- |
| 铅蓄电池 | 二氧化铅 | 铅 | 2.0V | • 单电池的电压高，材料便宜，"短时间×大电流放电"或"长时间×少量放电"均可稳定使用<br>• 主要用途是汽车用电池、备用电源用电池等 |

| 名称 | 正极 | 负极 | 电压 | 特点和主要用途 |
|------|------|------|------|----------------|
| 镍镉蓄电池 | 氢氧化镍 | 氢氧化镉 | 1.2V | • 可以进行大电流的充放电，耗电量较小<br>• 主要用途是电动工具、应急用电源等 |
| 镍氢电池 | 氢氧化镍 | 储氢合金 | 1.2V | • 在与镍镉电池相同的电压下，电容量约为其2倍，而且由于不使用镉，因此可作为其替代品而广泛使用<br>• 主要用途是便携式电子设备、混合动力汽车等 |
| 金属锂电池 | 过渡金属的氧化物 | 金属锂 | 3.0V | • 作为无镉的二次电池被寄予厚望，但随着充放电的反向处理，金属在负极表面析出，导致短路的安全性问题使得该电池未普及 |
| 锂离子二次电池 | 锂过渡金属氧化物 | 石墨 | 3.7V | • 电池通过锂的合金化和负极变成石墨解决了金属锂电池的问题，电压高且质量轻<br>• 主要用途是便携式电子设备、混合动力汽车等 |
| 锂离子聚合物二次电池 | 锂过渡金属氧化物 | 石墨 | 3.7V | • 电解质浸入高分子凝胶，防止电解液中使用的可燃性溶剂漏液，化学反应与锂离子二次电池相同<br>• 由于在与电池相同的外包装上使用铝基膜，因此可以制作薄型或小型的电池<br>• 主要用途是便携式电子设备等 |

专栏1

# 铅 的 毒 性

　　铅是青灰色的金属，质地柔软，可以用刀切，密度为 $11.35g/cm^3$，是铁（$7.87g/cm^3$）的 1.4 倍，熔点为 327.5℃，在金属中非常低。因此，铅与锡（Sn）的合金常被作为焊料用于焊接金属。

　　铅有很强的毒性，在毒性分类中属于神经毒性。据说在罗马，以前的葡萄酒非常酸，人们用铅制锅温酒喝，酸味口感的酒石酸与铅反应生成酒石酸铅，使得葡萄酒变得甘甜，但其毒性会慢慢侵入神经（见图7-2）。

罗马帝国时代使用的铅制水管，
据说罗马人在日常生活中摄取了
大量的铅
（图片来源：维基百科）

图 7-2 铅制水管

时至今日，铅的毒性为人所知，人们已经开始避免使用铅制品。但是，铅仍然用于枪炮的铅散弹、航空燃料的四乙基铅以及水晶玻璃的氧化铅中。

# 7-2

## 铅蓄电池的原理和现状

蓄电池的典型代表是铅蓄电池。铅蓄电池发明于 1859 年，经过近 200 年，至今仍在使用。

### ▶▶ 7-2-1 蓄电池的构造

在二次电池中，最广为人知的便是铅蓄电池，一般的电瓶就是指铅蓄电池。铅蓄电池历史悠久，与干电池同时代出现，是 1859 年由法国人加斯顿·普兰特发明的。

可充电的二次电池与可实用的一次电池〔丹尼尔电池（1836 年）〕几乎诞生于同时代，我们不禁要感叹，那个时代电池与电力竟能有如此的发展和应用。

### ▶▶ 7-2-2 铅蓄电池的构造

铅蓄电池的内部结构如图 7-3 所示，与伏特电池基本大同小异。不同之处在于其电解质为硫酸 $H_2SO_4$，负极为金属铅 Pb，正极为氧化铅 $PbO_2$。

需要注意的是，硫酸是浓硫酸，密度为 $1.84g/cm^3$，是水密度的近 2 倍，铅的密度是 $11.35g/cm^3$，是铁（$7.87g/cm^3$）的 1.5 倍左右。由此可知，铅蓄电池是非常重的。

### ▶▶ 7-2-3 放电、充电的机理

二次电池先放电释放能量，放电后通过充电补充能量恢复到原来的状态，再放电，如此可反复多次、甚至上万次。

128

极简图解全固态电池基本原理极简图解全固态电池基本原理

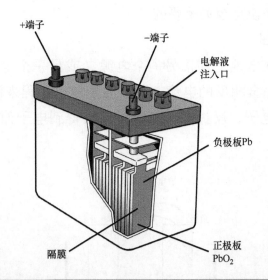

图中标注：
+端子　-端子　电解液注入口　负极板Pb　隔膜　正极板PbO₂

图 7-3　铅蓄电池内部结构

### 1. 放电机理

放电的机理很简单，这与之前讲过的伏特电池中锌负极的情况完全相同。负极金属铅 Pb 电离生成铅离子（$Pb^{2+}$）和电子 $e^-$。电子通过外部电路移动到正极的氧化铅（$PbO_2$），氧化铅得到电子发生化学变化。也就是说，与锰干电池的二氧化锰（$MnO_2$）相似，$PbO_2$ 的 Pb 是四价，得到电子生成二价 $Pb^{2+}$。

$$负极\ Pb \longrightarrow Pb^{2+} + 2e^-$$

$$正极\ Pb^{4+} + 2e^- \longrightarrow Pb^{2+}$$

如果是普通的一次电池，则反应到此结束，以上就是一次电池发生的反应。但是在二次电池的情况下，接下来才是重点。正负电极实际生成的产物也很重要，实际生成物如下所示：

$$负极\ Pb + SO_4^{2-} \longrightarrow \boxed{PbSO_4} + 2e^-$$

$$正极\ PbO_2 + 2e^- + SO_4^{2-} + 4H^+ \longrightarrow \boxed{PbSO_4} + 2H_2O$$

无论是负极还是正极，生成物完全相同，都是硫酸铅 $PbSO_4$，这对于二次电池来说是至关重要的。

## 2. 充电机理

充电是指在电池上连接另一个电源（或另一个电池），使其通过与电池放电时完全相反的电流。所以对于放电过程来说，负极失去电子而正极得到电子，反过来，充电时负极得到电子而正极失去电子，如图 7-4 所示。

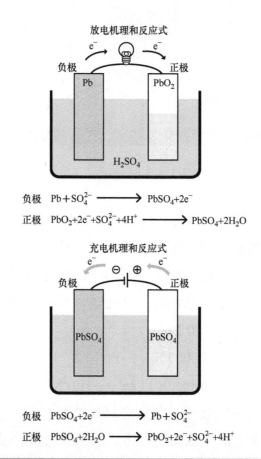

放电机理和反应式

负极 $Pb+SO_4^{2-} \longrightarrow PbSO_4+2e^-$

正极 $PbO_2+2e^-+SO_4^{2-}+4H^+ \longrightarrow PbSO_4+2H_2O$

充电机理和反应式

负极 $PbSO_4+2e^- \longrightarrow Pb+SO_4^{2-}$

正极 $PbSO_4+2H_2O \longrightarrow PbO_2+2e^-+SO_4^{2-}+4H^+$

图 7-4　充放电机理和反应式

## ▶▶ 7-2-4　二次电池的机理

对比图 7-4 中的化学反应式会发现，放电机理和充电机理只是反

应式箭头方向翻转了，反应式左右的内容完全相同。用双箭头代替上面反应式的单箭头，就可以得到

$$负极\ Pb+SO_4^{2-}\rightleftharpoons PbSO_4+2e^-$$

$$正极\ PbO_2+2e^-+SO_4^{2-}+4H^+\rightleftharpoons PbSO_4+2H_2O$$

像这样，反应式中既可向左又可向右发生的反应通常称作可逆反应，氧化还原反应是典型的可逆反应之一。

$$A\rightleftharpoons A^++e^-$$

$$B+e^-\rightleftharpoons B^-$$

也就是说，当 A 失去电子，就会变成 $A^+$，$A^+$ 得到电子后回到原来的 A。同样，B 得到电子成为 $B^-$，$B^-$ 失去电子后变回原来的 B。

## ▶▶ 7-2-5　铅蓄电池的应用

铅蓄电池基本应用在汽车电池，包括叉车、高尔夫球车或是小型飞机中，也可在紧急停电时作为电梯的备用电源使用。总之，铅蓄电池的社会中各个地方发挥着强有力的作用，是一种可靠性非常高的电池。

## ▶▶ 7-2-6　问题

铅蓄电池经过多年的应用，近年来暴露出的缺点也越来越明显。

首先，铅蓄电池的第一个缺点是其重量太大。现代汽车倡导节能，以轻便为上，比如将汽车的轮毂替换为镁合金以实现汽车的轻量化，而过于沉重的电池已不适用。

另一个问题是铅的毒性，铅中毒一般为神经中毒。以前的焊料是铅锡合金，而现在，欧盟已禁止进口使用含铅焊料的家电产品。

第
7
章

# 镍镉蓄电池

镍镉蓄电池通常被称为镍镉电池，虽然在 1899 年就被发明出来了，但真正被广泛使用是从 20 世纪 60 年代开始的，所以镍镉电池也是具有悠久历史的电池。

## 7-3-1 镍矿电池的结构和发电机理

图 7-5 所示为镍镉电池的结构示意图。金属镉（Cd）为负极、过氧化镍（NiOOH）为正极，置于氢氧化钾（KOH）电解液中。

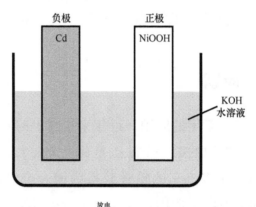

镍镉电池的发电机理

负极 $Cd \longrightarrow Cd^{2+}+2e^-$

正极 $Ni^{3+}+e^- \longrightarrow Ni^{2+}$

负极 $Cd+2OH^- \underset{充电}{\overset{放电}{\rightleftarrows}} Cd(OH)_2+2e^-$

正极 $NiOOH+H_2O+e^- \underset{充电}{\overset{放电}{\rightleftarrows}} Ni(OH)_2+OH^-$

图 7-5 镍镉电池的结构示意图

发电机理如下：

放电时

$$负极 \quad Cd \longrightarrow Cd^{2+} + 2e^-$$

$$正极 \quad 2Ni^{3+} + 2e^- \longrightarrow 2Ni^{2+}$$

过氧化镍中的镍是三价离子 $Ni^{3+}$，放电时，负极的镉发生电离失去两个电子，生成 $Cd^{2+}$，正极的两个 $Ni^{3+}$ 得到电子被还原为 $Ni^{2+}$。

实际发生的化学反应如下所示，两个原子的镍与一个原子的镉发生反应。

$$负极 \quad Cd + 2OH^- \longrightarrow Cd(OH)_2 + 2e^-$$

$$正极 \quad NiOOH + H_2O + e^- \longrightarrow Ni(OH)_2 + OH^-$$

充电的时候会发生完全相反的反应，也就是说，只需要把上述反应箭头反过来，即

$$负极 \quad Cd + 2OH^- \longleftarrow Cd(OH)_2 + 2e^-$$

$$正极 \quad 2NiOOH + 2H_2O + 2e^- \longleftarrow 2Ni(OH)_2 + 2OH^-$$

## ▶▶ 7-3-2 镍镉电池的特点

镍镉电池具有功率大的特点，因此适用于吹风机和剃须刀等使用电动机的电器设备。另一方面，镍镉电池的自放电较大，充满电后，电量会在放置状态下损耗，所以不适合钟表这样以较小功耗持续长时间运行的设备。

此外，镍镉电池虽然从开始使用到放电结束，电压和电流都很稳定，但也会出现在电量即将耗尽前电压突然急剧下降的情况。

## ▶▶ 7-3-3 镍镉电池存在的问题

镍镉电池最大的问题在于负极材料镉，倘若不慎泄漏并进入人体内，将会导致骨质疏松，患者的骨头变得越来越脆，甚至轻微咳嗽都可能导致骨头断裂，并且会伴随持续疼痛。由此可知，废弃镍镉电池时，必须非常小心，以免其泄漏到环境中（见图7-6）。

除此之外，镍镉电池还存在着容量小、未充分放电时充电会产生

明显的记忆效应，对电池的管理也比较麻烦等问题。然而由于其历史悠久，人们对其积累了丰富的经验，加上电池本身耐过放电、爆发力强、生产成本低等诸多优点，镍镉电池仍然在作为电动工具的蓄电池使用（见图7-7）。

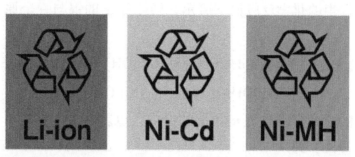

根据日本《资源有效利用促进法》规定，公民有回收/再资源化锂离子二次电池、镍镉电池、镍氢电池等小型二次电池的义务，再利用合作店内设置了带有这些再利用标志的小型充电式电池再利用回收箱

图 7-6　小型二次电池的再利用标志

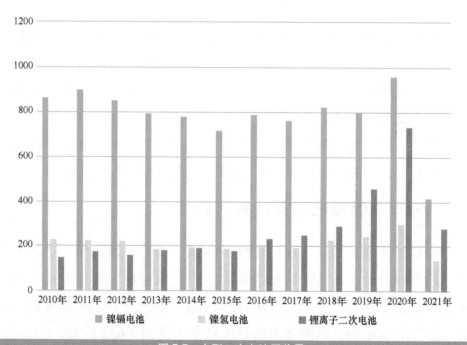

镍镉电池　　镍氢电池　　锂离子二次电池

图 7-7　小型二次电池回收量

# 镍氢电池

镍氢电池是20世纪70年代开发的一种新型电池，它以镍和氢气为电极材料，是一种大功率、大容量、长寿命的电池，人们将其作为人造卫星的电池进行开发。

最初，氢气是以压缩气体的形式储存于储罐中的，随着储氢合金的开发，现在将氢气储存在储氢合金中的方式已成为了主流（见图7-8）。

储氢合金是指在金属晶体晶格之间具有吸收氢原子能力的金属。氢燃料电池也使用了储氢合金，但难点在于储存容量的分配。

照片中的eneloop是由三洋电机开发的，之后被移至松下公司。据说多次重复使用后，剩余容量在10年后仍能保持约70%

（图片来源：维基百科）

图7-8　镍氢电池和充电器示例

## ▶▶ 7-4-1　镍氢电池的结构和发电机理

镍氢电池的结构基本与镍镉电池相同，只需将镍镉电池的镉电极换成储氢合金电极即可。

发电机理也是如此，这里用 MH 表示储氢合金 M 吸收了氢 H。

**135**

放电时为→，充电时为←。

$$负极\ MH \rightleftharpoons MH^+ + e^-$$

$$正极\ Ni^{3+} + e^- \rightleftharpoons Ni^{2+}$$

在充电时，会发生完全相反的反应，使得电池回到放电前的状态。也就是说，氢被电离成为 $H^+$ 和电子，镍的变化和镍镉电池中相同。

相应物质变化如下：

$$负极\ MH + OH^- \rightleftharpoons M + H_2O + e^-$$

$$正极\ NiOOH + H_2O + e^- \rightleftharpoons Ni(OH)_2 + OH^-$$

负极反应式右边的 $M+H_2O$ 表示储氢合金中的氢与 OH 离子反应后生成金属 M 和水。

也就是说，在放电时氢（H）从储氢金属释放，在充电时又返回到储氢合金中（见图 7-9）。

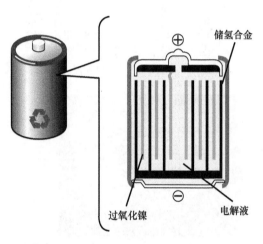

储氢合金

过氧化镍

电解液

负极　$MH + OH^- \rightleftharpoons M + H_2O + e^-$　①
正极　$NiOOH + H_2O + e^- \rightleftharpoons Ni(OH)_2 + OH^-$　②

图 7-9　镍氢电池结构

把图 7-9 中式①和②并起来就可以得到下式：

$$MH + NiOOH \rightleftharpoons M + Ni(OH)_2$$

极简图解全固态电池基本原理

从这个反应式可以看出，氢（H）只是在负极 MH 和正极 NiOOH 之间移动。也就是说，氢气是不会被消耗的，这是镍氢电池与氢燃料电池的关键性区别（见图 7-10）。

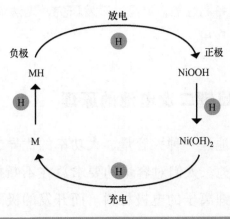

图 7-10　镍氢电池的反应机理

# 金属锂二次电池

有些电池虽然具备高性能，但经过开发研究，无法消除其引发事故的危险性，故而未能投入应用。

## ▶▶ 7-5-1　金属锂二次电池的原理

锂离子二次电池是一种大容量、大功率的优异二次电池，是现在性能最好的二次电池。人们对容量的要求总在不断提高，因此，需要开发能够储存更多锂离子的电极材料。而开发的极限，就是金属锂二次电池。

金属锂-空气电池是以金属锂为负极的电池，金属锂（Li）释放电子，在正极还原空气中的氧（$O_2$），从而产生电流。因为金属锂本身是电极，所以电极中的锂浓度非常大，假如其达到锂离子电池那样的体积，就可以得到更大的容量。

## ▶▶ 7-5-2　金属锂二次电池存在的问题

然而使用金属锂作为电极会出现大问题。因为当金属锂用作电极时，锂在放电时溶解，反过来在充电时溶解的锂离子又以金属的形式析出。导致金属在电池内部生成金属结晶，而金属锂的结晶形态为树状的锂枝晶。枝晶尖锐的枝会穿破电池的隔膜，引起电池短路。从而产生火花、引发起火，甚至有烧毁电池的危险。如果电池应用于移动电话或手机中，则使用者会被烧伤，如果发生在飞机中，则可能会导致坠机事故的发生。

这对于金属锂电池这样高能量密度的电池来说是致命的。只要这个问题未解决，金属锂二次电池就无法投入使用。

### ▶▶ 7-5-3　解决方法

　　这个问题有两种解决方案。一种是分离正极与负极的隔膜必须使用非常坚固的物质，比如固体电解质，或者比钢铁还坚硬的聚合物，比如凯夫拉。

　　另一种方案是让枝晶无法生成。人们由此想到混入比锂更易离子化的金属，比如说将锂与金属铯（Cs）混合作为电极。虽然锂离子（$Li^+$）和铯离子（$Cs^{2+}$）存在于枝晶生成的地方附近，但由于$Cs^{2+}$很难被还原成金属，所以依旧保持着$Cs^{2+}$的状态，此时由于静电排斥，$Li^+$难以进一步靠近此处。此举使得还原反应生成的锂原子Li密度降低，从而无法生成锂枝晶。

　　在固体电解质即将实现应用的今天，高性能二次电池、金属锂二次电池的实用化也将指日可待。这样一来固态锂离子二次电池也终将会成为过去式。

# 有机二次电池

使用有机物的高性能二次电池也正处于研究阶段。过去有机物被认为是绝缘体或非磁性体，然而，2000年获得诺贝尔化学奖的传导性高分子材料表明，通过给有机高分子（聚乙炔）掺杂（添加）适当的杂质，可以使有机高分子具有和金属同样的传导性。

不仅如此，有机物中具有超导性的有机超导体也在开发中。人们还开发了一种有机磁体，它既是有机物，又能吸附磁铁。现在有机物获得了金属的性质，目前科学家们正在积极地推进研究，以期将这些有机物应用在电池中。

## ▶▶ 7-6-1 锂离子二次电池的改进

目前的锂离子二次电池中，除金属锂之外正极材料中钴和稀有金属等使用较多，从资源问题的角度来看，应该降低或替代稀有金属的使用量。

有机材料被列为替代材料。有机材料由碳、氢、氮等元素组成，资源丰富。此外，如果能够利用有机材料特有的多电子氧化还原反应，即一次移动多个电子，那么有机材料将会成为超越现有无机材料能量密度的材料，这将有助于开发出轻量且能够长时间运行的电池（见图 7-11）。

目前的一项研究表明，具有萘醌结构的萘衍生物的容量是现有无机正极材料钴酸锂（$LiCoO_2$）的 2.5 倍，能够达到较高的能量密度。

## ▶▶ 7-6-2 有机自由基电池

将有机物本身作为电极使用的二次电池及有机二次电池也在开发中。

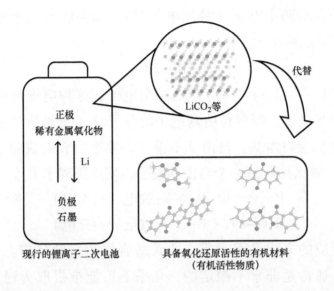

图 7-11　锂离子二次电池的改进方法

### 1. 有机物的电子传递

二次电池的材料必须能够进行电子传递，例如，在锂离子二次电池中通过锂原子（Li）释放电子形成锂离子（Li⁺），Li⁺得到电子变回Li原子，如此进行电子传递反应来放电和充电。

$$\text{Li} \Longleftrightarrow \text{Li}^+ + e^- \, (\rightarrow: \text{放电}、\leftarrow: \text{充电})$$

有机物也是如此，当电中性有机物 O 释放出电子时，它就变成有机阳离子 O⁺，当 O⁺接收到电子时，又变回原来的中性有机物 O。

$$\text{O} \Longleftrightarrow \text{O}^+ + e^- \, (\rightarrow: \text{放电}、\leftarrow: \text{充电})$$

或者 O 接收电子变成阴离子 O⁻，O⁻释放电子，就变成 O。

$$\text{O}^- \Longleftrightarrow \text{O} + e^- \, (\rightarrow: \text{放电}、\leftarrow: \text{充电})$$

### 2. 有机自由基

原理上是上述反应，但中性有机物电阻太大，很难产生电子传递反应，无法制作成电池。于是，自由基引起了人们的注意，自由基既具有电中性，又具有未成对电子。

$R_2$ 表示 R-R 这样的分子，符号 "–" 表示将两个 R 结合的共价键，实质是表示两个电子（共用电子对）。如果将这两个电子分给两个 R，则裂解成两个 R·。

$$R-R \rightarrow 2R·$$

这里 "R·" 上的 "·" 代表一个电子，这种电子被称为未成对电子或自由基电子，带有自由基电子的分子（意思是像分子一样的东西）通常被称为自由基。自由基不稳定，要么释放未成对电子，变成阳离子 $R^+$，要么接收另一个自由基电子，变成阴离子 $R^-$。

$$R· \rightleftharpoons R^+ + e^- (\rightarrow : 放电、\leftarrow : 充电)$$

$$R^- \rightleftharpoons R· + e^- (\rightarrow : 放电、\leftarrow : 充电)$$

这种反应的电阻几乎为零，非常适合作为电池反应。但问题是，自由基 R· 通常是非常不稳定的，几乎不可能被提取为稳定的物质。经过研究，人们成功地制造出了非常稳定的自由基，这就是通常所说的硝基自由基（见图 7-12）。

硝基自由基

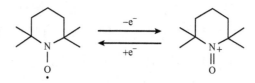

将自由基高分子化

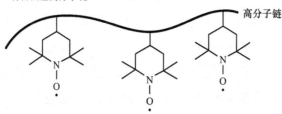

图 7-12　有机自由基

### 3. 高分子化

然而，硝基自由基本身会溶于电解液等溶剂中，是无法用作电极的。因此，为使其不被溶解，人们成功地将硝基自由基高分子化。

目前，研究人员正在使用这类材料进行有机二次电池的性能测试，已经得到了可与锂离子二次电池相媲美的性能。

### 4. 有机自由基电池的特点

有机自由基电池的特点是充电速度快，外形薄且可灵活调整，这是有机物的固有性质。

有机自由基材料的电化学反应速度非常快，电解质离子移动顺畅，因此在充电反应过程中阻力很小，可以在30s内完成充电。

有机自由基电池使用有机自由基材料作为材料，有机自由基材料是一种塑料。通过对电极进行薄膜化，可以将电极厚度控制在0.3mm（见图7-13）。由于材料处于电解液渗透的凝胶状态，因此可以弯折或扭曲变形。

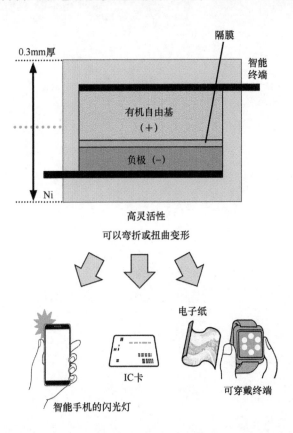

图 7-13　有机自由基电池的结构与特点

利用其灵活性，该电池有望作为 IC 卡、电子纸、RFID 等的电源应用。此外，由于可以安装在衣服上，因此，在未来有机自由基电池可以安装在装有柔性显示器、CPU 和内存的衣服上，从而实现可穿戴式计算机。

极简图解全固态电池基本原理

# 二次电池性能对比

下面来对比各种二次电池的性能。表 7-2 列举了四种现代代表性二次电池的性能，从中可以看出锂离子电池在各个方面都具备优异的性能。

表 7-2　四种二次电池

| 电池种类 | 充放电循环次数/次 | 能源成本/(W·h/美元) | 自放电率（%） |
|---|---|---|---|
| 铅蓄电池 | 500~800 | 5~8 | 3~4 |
| 镍镉电池 | 1500 | — | 20 |
| 镍氢电池 | 1000 | 1.37 | 20 |
| 锂离子二次电池 | 1200~2000 | 0.7~5.0 | 5~10 |

## 1. 充放电循环次数

充放电循环次数是指在没有使用障碍的范围内可以反复放电、充电的次数。可见，铅蓄电池虽然具有历史优势，但锂离子电池的能力是其 2 倍以上。

## 2. 自放电率

自放电率表示浪费的电量。这其中铅蓄电池最优，之前提到的碘锂电池（第 5-2 节）虽然没有列在表中，但这方面的性能也是很出色的，相较而言，锂离子电池还有待进一步改进。

## 3. 能量密度

反应了电池的单位重量（重量能量密度）和单位体积（体积能量密度）。前者小意味着电池重量轻，后者小意味着电池体积小，这两者都是越小越好。

图 7-14 显示锂离子电池在这两方面占据绝对的优势，简而言之，锂离子电池既轻又小。与之相对，铅蓄电池又重又大，但背负着这样不利条件的铅蓄电池至今仍占车载电池的大部分，足以说明其可靠性极高。

第 7 章

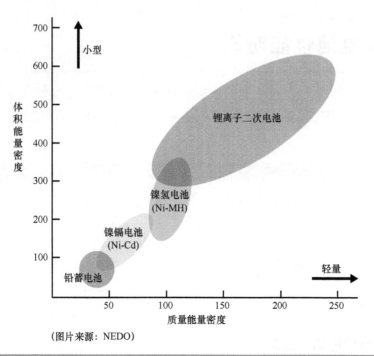

（图片来源：NEDO）

图 7-14　二次电池能量密度比较

#### 4. 能源成本

能源成本表示获得一定电力（1W·h）所需要的成本，简而言之就是性价比，锂离子电池可以达到铅蓄电池的 1/10 以下（见图 7-15）。

然而，锂作为稀有金属，其价格也会对成本有所影响。未来如果锂的价格飙升，则锂离子电池的优势甚至可能被打破。如果在不久的将来，全球范围内普及电动汽车，全固态电池的需求增高，那么锂的价格可能会暴涨。

#### 5. 安全性

关于锂离子电池的安全问题应引起关注。起火的事故频繁发生（详见第 3 章专栏），锂离子电池的危险性问题也被反复提出。除非这个问题得到彻底解决，否则锂离子电池将无法成为现代社会电池的支柱。

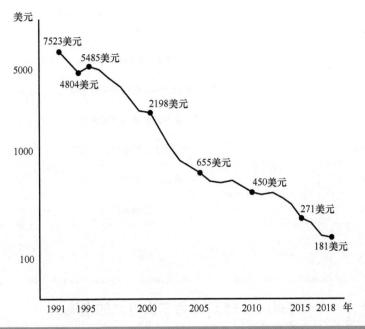

图 7-15　锂离子电池价格

有研究指出，有望作为车载电池的硫化物固态电池遇水可能产生硫化氢气体（$H_2S$）。硫化氢是一种剧毒气体，其浓度及对应症状见表 7-3。

表 7-3　硫化氢浓度及对应症状

| 浓度/ppm | 症状 |
| --- | --- |
| 0.0081 | 敏感的人能闻到臭味 |
| 0.3 | 任何人都能闻到臭味 |
| 3~5 | 令人不快的强烈气味 |
| 20~30 | 强烈气味使人麻痹 |
| 100~300 | 嗅觉神经麻痹，连续暴露 8~48h 会增加窒息死亡的可能性 |
| 170~300 | 感觉呼吸道灼热疼痛，暴露 1h 以上就有可能加重 |

第 7 章　二次电池的原理和结构

| 浓度/ppm | 症状 |
|---|---|
| 350~400 | 暴露 1h 就会有生命危险 |
| 600 | 暴露 30min 就会有生命危险 |
| 700 | 短时间会陷入呼吸麻痹 |
| 800~900 | 意识丧失、呼吸停止、死亡 |
| 1000 | 昏迷、呼吸停止、死亡 |
| 5000 | 当场死亡 |

**专栏2**

# 可以（不能）成为二次电池的电池

金属的氧化还原反应都是可逆反应。

$$M \rightleftharpoons M^{n+} + ne^-$$

电池的反应基本上都是氧化还原反应，放电反应和它的反向充电反应应该都是可以发生的。如果是这样，那么似乎所有的电池都可以成为二次电池。然而电池分为一次电池和二次电池，二次电池可以放电也可以充电，而一次电池只能放电。为什么会出现这种差异呢？

以最简单的伏特电池为例，在伏特电池放电过程中，电子从负极锌（Zn）出发，到达正极铜（Cu）。充电时，即通过与此相反的电流，只需将电子从 Cu 流向 Zn 即可。也就是将直流电源的正极（阳极）接铜，直流电源的负极（阴极）接锌。

1. 电镀

这个操作叫作充电，其实就是电镀。在电镀过程中，阳极的金属移动到阴极的金属上。当伏特电池充电时，铜也会在正极熔化，然后被镀在负极的锌上。

这并不意味着电池又回到了原来的状态。伏特电池是不能充电的，也就是说，伏特电池不能成为二次电池。

## 2. 电离势

详细来说，当充电开始时，伏特电池的电解液中存在三种阳离子，即放电产生的锌离子（$Zn^{2+}$），充电产生的铜离子（$Cu^{2+}$）和硫酸中的 $H^+$。这时如果有电子从负极来，那么这三种阳离子都有可能接收电子并被还原。而真正被还原的是哪种离子呢？

答案是电离趋势最小的 $Cu^{2+}$，也就是说，铜将会在负极的锌上析出。

# 第 **8** 章

# 其他新型电池

从人类早期的伏特电池，到先进的全固态锂离子二次电池，种类繁多，且各自有优缺点，其用途也各不相同。本章就来看看这些电池的概况。

# 氢燃料电池

一般将通过燃料氧化发电的电池称为燃料电池，其中，以氢气为燃料的称为氢燃料电池。

## ▶▶ 8-1-1 燃料电池

最近的碳中和宣言，让氢燃料电池这个词条出现在了新闻中，但其实燃料电池的原理早在很久以前就已经出现了。

普通的电池具备完整的形式，既包含能够产生电能的能量源，即化学物质，又包含产生电能的装置。而燃料电池只具备产生电能的装置，没有化学物质来提供能量。也就是说，若要燃料电池发电，那么每次都需要给燃料电池提供燃料。从这个意义上看，与其说燃料电池是一种电池，不如把它当作是一个小型便携式的发电站（见图 8-1 和图 8-2）。

图 8-1 为燃料电池汽车加氢

上图是在加氢站进行氢气供给补充的分配器，下图是位于东京都江东区的丰洲加氢站。截至2021年9月，日本已开业加氢站有155处，主要分布在四大都市圈

图 8-2　加氢站

## ▶▶ 8-1-2　氢燃料电池

在燃料电池中，使用氢气（$H_2$）作为燃料的被称为氢燃料电池，它有望成为下一代电动汽车的能源之一。

氢燃料电池是氢气与氧气反应成水，也就是将燃烧时的反应能（反应热）转化为电能的装置。图 8-3 所示为磷酸氢燃料电池装置示意图，磷酸氢燃料电池采用磷酸（$H_3PO_4$）作为电解液。

电极的正负极均由铂（Pt）制成，同时也充当着催化剂。装有电解液的容器被称为电解槽，氢气（$H_2$）输入电解槽的负极侧，而氧气（$O_2$）输入正极侧。

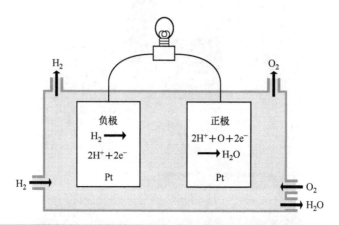

图 8-3 氢燃料电池结构

▶▶ **8-1-3 氢燃料电池的发电机理**

**1. 负极反应**

当氢气与负极的铂表面接触时，氢在铂的催化作用下分解为氢离子（$H^+$）和电子（$e^-$）。

$$H \rightarrow H^+ + e^-$$

生成的电子通过外部的导线移动到正极，从而产生电流。另一方面，$H^+$ 通过电解液移动到正极。

**2. 正极反应**

氧气（$O_2$）在正极，到达正极的 $H^+$ 和电子重新形成氢（H），在铂的电极与催化剂双重作用下与氧结合成水（$H_2O$）（见图 8-4）。

$$H^+ + e^- \longrightarrow H$$

$$4H + O_2 \longrightarrow 2H_2O$$

▶▶ **8-1-4 氢燃料电池的特点**

目前主流的燃油汽车在行驶时会产生有害的废气和刺耳的发动机

噪声。相对而言，靠电能驱动的电动车，行驶时没有噪声也没有尾气。在不久的将来，全世界范围内的汽车电动化将是必然的方向。

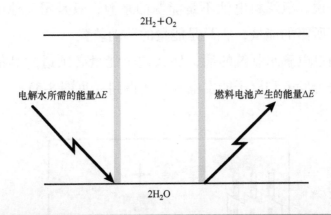

图 8-4　水电解产生的能量

因此，锂离子二次电池和氢燃料电池是备受关注的电能来源。那么氢燃料电池有哪些优势，又存在哪些问题呢？

**1. 清洁能源**

氢燃料电池的最大优点是产生的废弃物只有水，氢燃料电池可被用作空间站的能量来源，而产生的"废弃水"可供宇航员饮用。因此，氢燃料电池作为对环境无污染的清洁能源备受关注。

**2. 铂电极**

事实上氢燃料电池也绝非只有优点，它还存在一些问题。

其中一个就是作为催化剂的铂金。铂是贵金属、稀有金属，资源少且价格昂贵。铂的价格是时价，每日每时都在变化。2021 年铂的价格是每克 4000 日元左右，但根据年份的不同，有时是 5000 日元，有时是 3000 日元。对此，我们希望开发出更容易获得且价格更便宜的催化剂。

**3. 氢气的制备**

氢燃料电池最大的问题就是自然界中并不存在可用于燃料的氢气。因此，必须人为制造氢气。

最容易考虑到的制氢方法是电解水，理论上将氢变成水得到的能量（氢燃料电池产生的能量），与将水电解得到氢所需要的能量相同。

　　也就是说，氢燃料电池不是能源的来源，只是用其他能量制造的氢气产生了所需的能量，它只是能量的移动装置。

　　如果通过电解水制氢的话，那么这个能量必须通过其他的发电装置，比如火力发电和原子能发电等方式得到（见图8-5）。

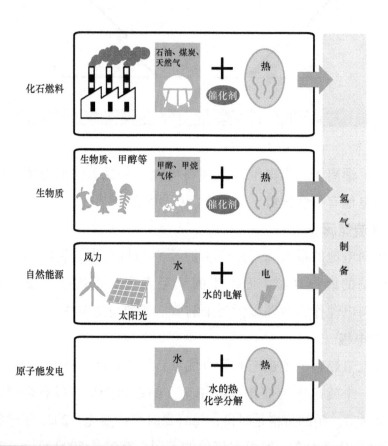

图 8-5　氢气的制备方法

# 锌空气电池

氢不是燃料电池唯一的燃料，还有以金属为燃料的电池。在这样的电池中，活性物质是金属块和燃烧（氧化）用的氧气，而氧气可以从空气中获取。

### ▶▶ 8-2-1　锌空气电池

以锌空气电池为例，来看看氢燃料以外的燃料电池。锌空气电池简称为空气电池，已经被用于助听器等设备中。

锌空气电池虽然被称为空气电池，但实际上是燃料电池的一种。这种电池需要的不是燃料，而是需要提供用来燃烧的氧气（$O_2$），氧气来自空气中，所以这个电池需要空气才能工作。

锌空气电池主要用作纽扣电池，使用时将电极进气口上的密封贴纸去除后使用，撕下来的贴纸不能再重新贴上。

在这种电池中，正极使用空气中的氧气，负极使用锌，大多数电解液使用氢氧化钾（KOH），类似于碱性锰电池。

在放电时，负极的反应是锌的电离。

$$负极\ Zn \rightarrow Zn^{2+}+2e^-$$

接受电子的是正极材料氧（$O_2$），氧因电子和空气中的水分结合转化为氢氧根离子（$OH^-$）。

$$正极\ O_2+2H_2O+4e^- \rightarrow 4OH^-$$

也就是说，氧从氧气分子（$O_2$）的中性状态（0 价）被还原为负二价状态 $O^{2-}$。

在锌空气电池中，正极材料来源于空气中的氧气，所以正极材料不需要空间。因此电池中可以装很多负极材料锌，尽管体积小、重量轻，但仍可以获得较大的电量。正因如此，它可以被用作入耳式助听器的电源等（见图8-6）。

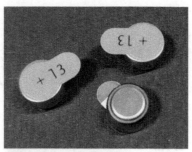

电极上有进气口，可以看到正极有孔。这种结构的电池，一旦撕下贴纸就无法继续保存

图8-6 助听器用的锌空气电池

## ▶▶ 8-2-2 锂空气电池

理论上锂空气电池的能量密度远大于锂离子电池。锂空气电池以金属锂为负极活性物质，空气中的氧气为正极活性物质，是一种可充放电的电池。锂在金属中最容易成为离子，将其作为负极使用时，与正极的电位差较大，可以获得较高的电压。此外，由于锂原子较小，因此可以获得单位质量的电容量。

由于正极活性物质的氧气不需要包含在电池中，故理论上有望获得比锂离子电池中更大的质量能量密度（W·h/kg），并被用作汽车电池。

然而，因为负极的金属锂易与空气中的水、氮气、氧气发生反应，所以必须避免大气中的水等物质进入电池正极，锂空气电池的电解质材料需要确保耐水性和气密性，因此材料的制备困难，能否保证安全性是实用化的关键（见图8-7和图8-8）。

日本国家研究开发公司物质与材料研究机构(NIMS)开发的锂空气电池样品。
从照片上或许很难看出，但前方设置有氧气进入的孔
（图片来源：共同通讯社）

图 8-7　锂空气电池样品

锂离子电池

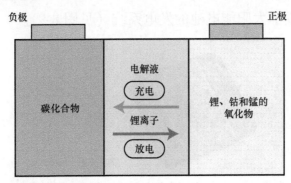

锂空气电池

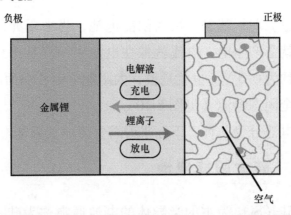

图 8-8　锂离子电池与锂空气电池结构

# 太阳能电池

阳光的能量是无穷无尽的，而将太阳的光能转化为电能的电池就是太阳能电池。

## ▶▶ 8-3-1 什么是太阳能电池

太阳能电池使用了半导体，其外观就像一块边长为 12cm 左右的黑色玻璃板（称为单元）。将几块平板平铺作为太阳能电池组件，搭在屋顶上就构成了太阳能电池的发电系统（见图 8-9）。

（图片来源：维基百科）

图 8-9　太阳能电池示例

一块黑色玻璃板就是一块太阳能电池，当太阳光照射到这块玻璃板上时，它就会产生电，电流就像在电池中一样从电极流过，单个电池的电动势约为 0.5 V。也就是说，太阳能电池和前面的空气燃料电池一样，都是全固态电池（见图 8-10）。

太阳能电池分为几种，下面来看看主要的太阳能电池。

## ▶▶ 8-3-2 硅太阳能电池

使用以硅（Si）为主的半导体的电池通常称为硅太阳能电池。现在民用的都是硅太阳能电池。硅太阳能电池将光能转化为电能的比例

（转换效率）大致在 20% 以下。

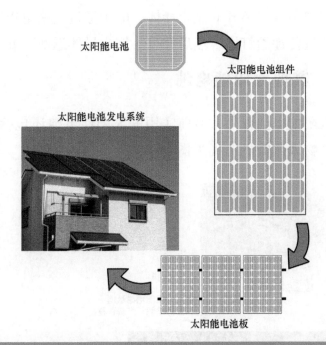

太阳能电池

太阳能电池组件

太阳能电池发电系统

太阳能电池板

图 8-10 太阳能电池发电系统

硅太阳能电池的结构非常简单，基本是由两种硅半导体，即 p 型半导体和 n 型半导体结合而成的。

如图 8-11 所示，只需将透明电极、n 型半导体、p 型半导体和金属电极叠加在一起，这里的关键是 pn 结，即两个半导体的接触面。

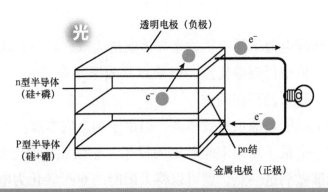

光

透明电极（负极）

$e^-$

n 型半导体
（硅+磷）

$e^-$

$e^-$

P 型半导体
（硅+硼）

pn 结

金属电极（正极）

图 8-11 太阳能电池结构

太阳光通过透明电极和薄而透明的 n 型半导体到达 pn 结表面。电子吸收光能并被激发，离开 n 型半导体。电子穿过透明电极到达导线，通过导线将能量传递给灯泡，然后穿过 p 型半导体返回到 pn 接合面。

### ▶▶ 8-3-3 其他太阳能电池

除了硅太阳能电池以外，目前实用的太阳能电池还包括有机太阳能电池和化合物太阳能电池（见图 8-12）。

有机太阳能电池示例
（图片来源：维基百科）

搭载夏普公司制造的化合物太阳能电池，于2009年发射的JAXA的温室效应气体观测技术卫星"气息"
（图片来源：JAXA）

图 8-12　有机太阳能电池和化合物太阳能电池

有机太阳能电池采用有机物半导体制造而成，具有轻巧、柔性好、可大量生产、价格低廉等优点。但缺点是效率不高，尤其是在室外使用的情况下，耐久性存在问题。

化合物太阳能电池虽然效率高，但由于制造成本高，不适合民用。

未来有一个量子点太阳能电池的设想，它使用的是金属的极小颗粒。如果能够做到这一点，就可以将太阳能的 60% 转化为电力。

# 原子能电池

原子能电池不是一般的电池,至少在日常生活中不会见到。

### ▶▶ 8-4-1　原子核能

原子能电池是依靠原子核产生的能量发电的电池(见图 8-13)。钚的同位素 $^{238}Pu$ 和钋的同位素 $^{210}Po$ 会引起原子核反应(原子核衰变),并释放 α(阿尔法)射线。通常,辐射具有非常大的能量,它与其他物质的原子核碰撞,使之发生原子核反应,然后产生原子核反应能(热能)。

由于原子能电池寿命长,可以在探测行星的人造卫星上使用。左图为土星探测器卡西尼搭载的原子能电池,右图为卡西尼号接近土星时的图像
(图片来源:NASA)

图 8-13　原子能电池

热电转换元件吸收这些能量并转化为电能。热电转换元件由两种不同的金属或半导体连接而成,当两端产生温差时,就会产生电动势。图 8-14 所示为其结构示意图。

热电转换元件的构造是准备一个作为能量源的辐射源，将来自该辐射源的 α 射线等放射线照射到物质上使之发热，然后将能量传递给热电元件来发电。

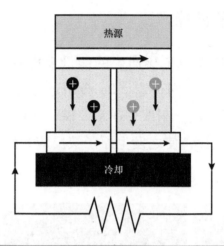

图 8-14　热电转换元件结构示意图

这种电池的优点是只要准备好放射性元素，就可以提供长期稳定的电力。缺点是毕竟要用到放射性元素和辐射，这些都是危险物质。因此，原子能电池主要被用作人造卫星等无法维护类卫星的能源，在黑暗且极低温的条件下活动，并且持续数十年的时间，太阳光也无法到达。

# 浓差电池和生物发电

到目前为止，我们看到的所有电池都是在电池内进行某种化学反应，然后将反应能量转化为电能的。但浓差电池不会引起物质变化，仅仅是根据浓度变化发电的电池。浓差电池在生物体内起着重要作用。

## ▶▶ 8-5-1 浓差电池的原理

图 8-15 所示为浓差电池示意图。将硝酸银（$AgNO_3$）的浓溶液和硝酸银的稀溶液分别放入用烤瓷板隔开的两个容器中，两个容器的区别只是溶液的浓度不同。然后在这两个容器中放入银（Ag）板作为电极，并用导线连接。

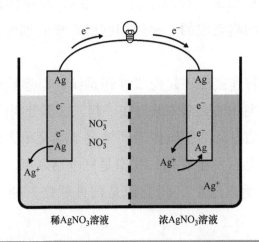

稀$AgNO_3$溶液　　　　浓$AgNO_3$溶液

图 8-15　浓差电池原理

### 1. 电极的溶解

于是，电极的 Ag 会在溶液中溶解，但正负极 Ag 的溶解方式有所不同。稀溶液一侧容易溶解，而浓溶液一侧难以溶解。因此，电子聚集在稀溶液中的 Ag 板上，沿着导线流向浓溶液侧的 Ag 板。

即电子从稀溶液侧向浓溶液侧移动，从而产生电流。根据电池的定义，产生电子的稀溶液侧是负极，接受电子的浓溶液侧是正极。

**2. 离子的移动**

当反应进行时，稀溶液中的银离子（$Ag^+$）增加，导致负离子 $NO_3^-$ 不足。因此，浓溶液侧的硝酸根离子 $NO_3^-$ 穿过烤瓷板移动到稀溶液侧。

在稀溶液中，由于电极溶解，$Ag^+$ 增加，浓溶液中 $NO_3^-$ 的移动使得 $AgNO_3$ 浓度增加。相反，在浓溶液中，$NO_3^-$ 浓度下降，$Ag^+$ 变成 $Ag$ 析出。

这样，当两个容器的 $AgNO_3$ 浓度相等时，电流就会停止。

## ▶▶ 8-5-2　浓差电池和神经传递

动物的身体里布满了神经细胞（纤维），动物体内所有的信息传递都是通过神经细胞完成的。神经细胞由有核的细胞体和延伸的长轴突组成。

几个神经细胞连接在一起构成神经系统，但连接处不是细胞连接在一起，只是树突和轴突末端缠绕在一起，这部分叫作突触。

神经系统的信息从细胞体传递到轴突末端是单方向的。当信息通过轴突传递时，电压发生变化，就像是打电话联系。但在突触上，电话线被切断了，所以这个区间就像是信件联络。神经递质就像是这封信。

## ▶▶ 8-5-3　通过浓差电池传递信息

信息通过轴突时使用的是浓差电池。轴突上有无数个孔，分为两种，分别是钾通道和钠通道。

当信息发出时，轴突中的钾离子（$K^+$）从钾通道向外传递。相反，钠离子（$Na^+$）从钠通道进入轴突。这样，轴突内外 $K^+$ 和 $Na^+$ 的浓度变化引起电位的变化，这就是信息。信息通过后 $K^+$ 和 $Na^+$ 互换，回到原来的状态（见图 8-16）。

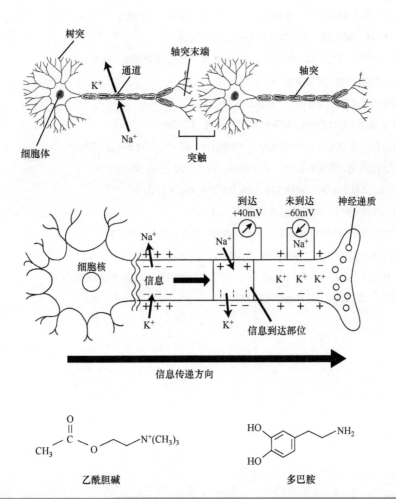

图 8-16 浓差电池和神经传递

# 参 考 文 献

『進化する電池の仕組み』 箕浦秀樹　SB クリエイティブ（2006）

『燃料電池と水素エネルギー』 槌屋治紀　SB クリエイティブ（2007）

『電気のキホン』 菊池正典　SB クリエイティブ（2010）

『全固体電池入門』 高田和典、菅野了次、鈴木耕太　日刊工業新聞社（2019）

『絶対わかる無機化学』 齋藤勝裕　講談社（2003）

『絶対わかる物理化学』 齋藤勝裕　講談社（2003）

『図解雑学 物理化学の仕組み』 齋藤勝裕　ナツメ社（2008）

『知っておきたい エネルギーの基礎知識』 齋藤勝裕　SB クリエイティブ (2010)

『知っておきたい 電力の疑問 100』 齋藤勝裕　SB クリエイティブ (2012)

『マンガでわかる無機化学』 齋藤勝裕　SB クリエイティブ (2014)

『やりなおし高校化学』 齋藤勝裕　筑摩書房（2016）

『人類が手に入れた 地球のエネルギー』 齋藤勝裕　C＆R研究所（2018）

『世界を変える 電池の科学』 齋藤勝裕　C&R 研究所（2019）

『脱炭素時代を生き抜くための「エネルギー」入門』 齋藤勝裕　実務教育出版（2021）

『新総合化学』 齋藤勝裕　三共出版（2021）